香料咖哩調製圖解聖經

61種香料圖鑑×75款特製咖哩×38位達人秘訣傳授，
用真食香料調製黃金比例咖哩

水野仁輔（Mizuno Jinsuke）著
陳維玉 譯

前言

從會做香料咖哩的時候開始，我的身邊產生了許多種變化。

我會做美味的咖哩了！

其他的事情先暫且不提，會做美味咖哩的這件事讓我無比興奮，
實在不敢相信自己會做出這麼好吃的咖哩。
這跟我之前做出的咖哩彷彿天壤之別。

做料理的快樂增加數倍！

實在很難用言語形容善用香料做料理的愉快心情。
可能像是第一次學會騎腳踏車、第一次會滑雪那樣地興奮吧！

對食材的味道和新鮮度變得更為敏銳！

對自己吃進肚子裡的東西，變得更加注意，對當令的食材變得更加了解，
對地區的農特產品也更加有興趣！因為香料咖哩就是讓食材原本的味道更加鮮明。

身體變得更好，更加健康！

香料的攝取量每天不斷的增加。每次被人問到「很有精神喔！是香料的效果嗎？」，
就會覺得「應該是這樣沒錯」。

成為大家眼中的重要人物！

在朋友的聚會或多人參加的活動中端出咖哩的機會大增。
雖然不保證會受異性的歡迎，但至少會成為一個受人喜愛的人氣王。

熟悉異國的飲食文化！

香料咖哩的源頭幾乎以印度及其周邊國家為主。
印度料理中充滿了神秘的美味元素，也因為如此幾乎每年都出席相關活動。

當你讀完上述內容，如果其中有一項讓你心生羨慕，那就開始加入香料咖哩的生活吧！

但我知道一定會出現「但是……不過……」這種退縮的心情和言詞。

- 做香料咖哩好像很難。
- 不知道要從哪一種香料開始準備。
- 不知道要怎樣使用香料？
- 雖然有試著做過，但味道也不太好。
- 我可以自己調配出自己喜歡的味道嗎？

腦袋中會閃出許多難以跨越的門檻，然後就會變成「好像很困難，還是放棄好了」。但沒有關係，為那些所有停留在香料咖哩入門處，猶豫著想要怎麼踏出第一步的各位，出版了這本《香料咖哩調製圖解聖經》，本書將會為各位回答所有初學者的疑問。

然後，對於那些已經沉浸於香料世界中許久一段時間的人，本書中也充滿了令人驚訝的資訊和技巧，因為這是一本集精華於一身的「百科全書」。

請各位以充滿期待的心情來閱讀這本書吧！

目錄

香料咖哩中的
香料

香料是製作出美味香料咖哩中、
不可或缺的重要因素。
深入理解香料，讓它的名稱與外觀、特性、
使用關鍵等產生連結，
香料就會突然變身為日常不可或缺的存在，
做咖哩也會變得十分有趣。

給想要了解香料魅力的人

所謂的香料，是以植物的某個部位進行加工的產物。有現摘下來的新鮮香料，也有乾燥的香料，也有經過炒熟、磨粉或熟成等程序的香料。隨著外觀型態的變化，香料的香氣和特徵也隨之改變，讓人看到它千變萬化的風情。而凝聚眾多香料的成品居然是如此美味的咖哩，實在是一件不可思議的事。也正因如此，它是那樣的充滿魅力。

香料裡含有具揮發性的精油成分，經加熱後可以提煉出來。而此種精油據說有三個功能：增加香味、增添色彩和提高辣度。在這三個功能之中對香料咖哩來說，最重要的就是香味。香味是萬能的調香料，因為香料的功能並不是增添食材的味道，而是賦予香氣，能夠增加各式料理的味道和層次。

也許一提到香料，有人就會覺得那是刺激性的東西。像是辣味、苦味、或是一些不習慣的香味等等……。但是不知為何，這些香草植物都有令人療癒的特質。在香料的領域裡，新鮮現採的狀態或是在義大利料理中使用者，稱為香草，都帶有正面的印象。明明香料和香草就是同樣的東西！其他也有稱為佐料（日語漢字為：味）、蔬菜或中藥的說法，但其中也含有香料的成分。反過來說，香料正是種帶有眾多期望效果的物品。

那麼，具體說來可以想到的效果有那些呢？與直接料理食材相比，在肉類、蔬菜或魚類上使用香料，那獨特的香氣可以使食材的味道更為豐富有層次，即使不倚賴調味料，也可以讓料理有令人滿意的味道。香料可以產生出像香味和辣味這種帶有餘韻、令人難以忘懷的感覺。而且香料具有藥效和減少食鹽用量的效果，對身體的健康也有益處。

從上述各點看來，讀者們是否開始覺得香料真是種好處多多的東西呢？那就對了，香料正是好得令人無可挑剔。不過，在錯誤的使用方法下，或者是不熟悉如何使用時，當然無法產生令人期待的效果。所以，為了要充分感受香料的魅力，建議大家先閱讀一些相關資訊，然後實際接觸香料，聞聞它的味道，再試著加入料理中。本書中會特別介紹香料咖哩中不可缺少的香料，讓我們一起來認識各種香料、增加對它們的印象吧！

關於香料的分類

香料可以依照其特定的使用方法和範圍加以整理分類，
或者也可以依照香料的外觀和加工型態分門別類。

以使用範圍分類

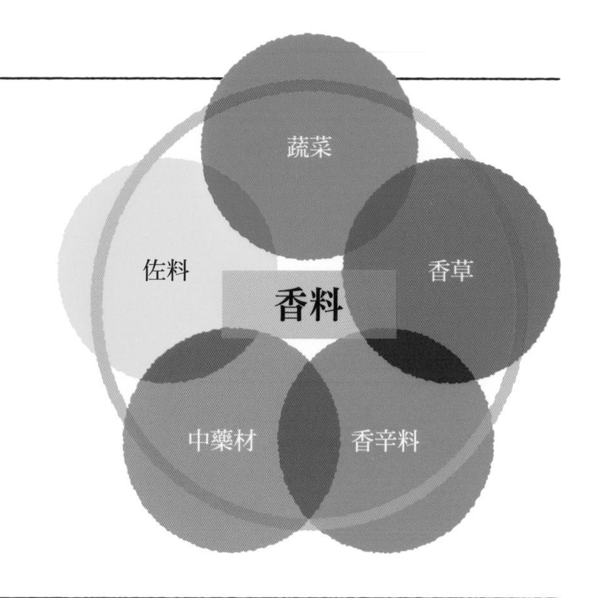

蔬　菜……洋蔥、大蒜、薑、芹菜等
香　草……洋香菜、百里香、奧勒岡、迷迭香等
佐　料……水芹、鴨兒芹、蘘荷、紫蘇、淺蔥等
香辛料……孜然、芫荽、綠荳蔻、辣椒等
中藥材……薑黃、桂皮 / 肉桂、丁香等

以外觀分類

新鮮香料 —乾燥→ 乾燥香料

	新鮮香料
原形	洋蔥、薑、大蒜、綠辣椒、咖哩葉、檸檬草、箭葉橙、芹菜、洋香菜等
醬	泰式咖哩醬等
綜合	法式香草束

	乾燥香料
原形	紅辣椒、孜然、芫荽、綠荳蔻、丁香、肉桂、月桂葉、芥末籽、茴香、葫蘆芭子、胡椒等
↓ 炒熟、磨粉	
粉狀	薑黃粉、孜然粉、芫荽粉、綠荳蔻粉、葫蘆芭子粉、胡椒粉、匈牙利紅椒粉、阿魏粉等
↓ 混合、熟成	
綜合	孟加拉五香 (panch phoron)、葛拉姆馬薩拉 (Garam masala)、蔬果沙拉馬薩拉 (Chaat masala) 等

Dry Spice

乾燥香料

指經過乾燥過程的香料。
保有香料完整外形的稱為香料原形 (whole spice)，
磨成粉末狀的稱為粉狀香料 (ground spice)。
磨成粗的顆粒狀或只是稍加壓碎的狀態，
稱為香料顆粒 (crushed spice)，
除了有香氣外，還可享受它的口感。

薑黃 Turmeric

學　名	Curcuma longa
別　稱	黃薑
科學分類	薑科薑黃屬，多年生草本
原產地	熱帶亞洲
使用部位	塊根
味　道	鮮豔的黃色和帶有土味
功　效	改善肝功能異常、減緩糖尿病、宿醉的症狀

特　徵	因為薑黃素有防癌的功能而受到世人矚目。所謂的薑黃指的是秋薑黃，是春薑黃的近親。咖哩粉所呈現出的黃色，是因為其主要成分為薑黃素。在咖哩中約佔 20% 到 30% 的比重。

直到一段時間之後，我才感受到薑黃在咖哩香料中占有重要地位。說老實話，以前我甚至覺得把那個黃色粉末加進咖哩中，到底有什麼意義呢？我並沒有一定想要把咖哩弄成黃色，如果加得太多還會出現苦味。明明是個不怎麼重要的角色，但薑黃卻在咖哩粉的原料中占最大的比例，要在印度料理中尋找不使

用薑黃的食譜還非常困難。

但是某天，我在思考葛拉姆馬薩拉與咖哩粉的不同時，有了明確的答案。想要只用葛拉姆馬薩拉來做咖哩，無法做得好吃。但是用咖哩粉的話就很美味。明明同樣是綜合香料……。我重新比對兩種香料的成分，才發現咖哩粉中有的原料，而葛拉姆馬薩拉中絕對不會出現的就是薑黃。原來如此，薑黃是增加香氣的香料啊！是那種香氣增添了咖哩的美味。

從此之後，薑黃對我來說就變成貴重的珍寶般，是個十分重要的香料。只要有薑黃就非常完美。就像是法式料理的主廚，在每次添加食材時，就要輕輕灑上鹽巴一樣，薑黃在料理中是帶出食材鮮美滋味的重要幫手。薑黃是咖哩中最不可缺少的香料。

實物大小

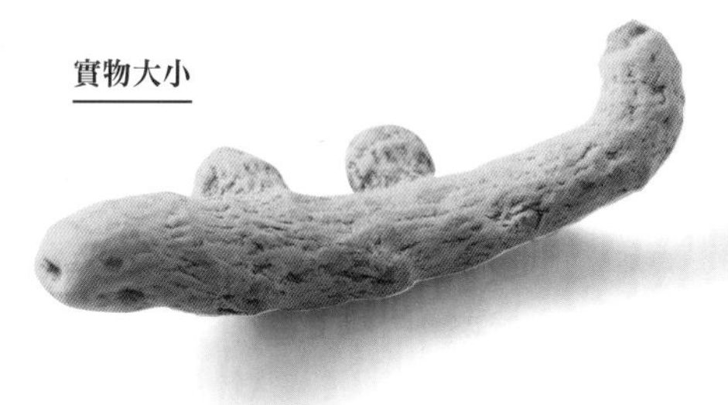

紅辣椒 Red chili

學　名	Capsicum annuum
別　稱	唐辛子、卡宴辣椒
科學分類	茄科辣椒屬，多年生草本
原產地	南美洲
使用部位	果實
味　道	具有強烈刺激性的辣度和香味
功　效	提升食慾 可改善胃弱、感冒、四肢冰冷的症狀

特　徵	因為辣椒有耐熱的特性，所以加熱後也不會影響辣度。Cayenne 不只是品種的名稱，也是從法屬圭亞那的卡宴 (Cayenne) 地區而來。Chili Powder 則是指在南美洲使用的綜合香料。

我從以前開始就喜歡香辣的料理。在舌尖可感受到辣味的刺激，心情為之暢快，吞嚥下去後身體便會慢慢地發熱出汗。因為大腦受到辣度的刺激，總覺得有種食慾大增的感覺朝自己迎面撲來。即使在享用料理後也還會想要再度體驗那種刺激感。幾乎在所有的咖哩中掌握辣味的關鍵便是紅辣椒。雖然喜歡

辛辣的料理，但辣度太過也是難以接受。

我最喜歡這種豐富多樣且富有深度的香氣撲鼻而來，那種味道真是深得我心。想把這些香料全都一股腦兒的加進咖哩中，但又會太辣。最適合我這種喜好的辣椒，正是喀什米爾紅辣椒。這款以印度喀什米爾地區命名的辣椒，香氣濃郁但辣度較低，是個完美的食材。我只要一入手這款在日本很難尋覓到的辣椒粉，就會情不自禁地大量加進咖哩中。可以從尚未磨碎的辣椒中取出辣椒籽，再進行翻炒，這也是另一種能讓咖哩儘量帶有香氣但不過辣的小秘訣。但我覺得紅辣椒的香氣應該更受大家矚目才是。

這麼說來，我在印度清奈(Chennai)吃過的醃漬辣椒(Cured Chili)令我難以忘懷。那是種把辣椒放在優格中發酵，再取出油炸的特別食物。那時我把整條醃漬辣椒放進嘴裡咀嚼，香氣頓時在嘴裡蔓延開來，實在是美味無比。如果在咖哩中不用紅辣椒的話，做咖哩的欲望應該會頓時減半。

實物大小

芫荽
Coriander

學　　名	Coriandrum sativum L.
別　　稱	胡荽、香菜、鹽須
科學分類	繖形科芫荽屬，一年生草本
原 產 地	地中海地區
使用部位	種子、葉子、莖部、根部
味　　道	有一種使人覺得暢快、清爽的香氣，可以讓料理的味道達到平衡完美的狀態
功　　效	改善肝功能異常、胃弱、感冒、減緩發炎症狀
特　　徵	是個歷史悠久的香料，在西元前 1550 年的醫學典籍和梵文書籍中也有記載。芫荽籽雖然是指「種籽」的部分，但在植物學上則認為是「果實」。在市面上常可見到的棕色芫荽 (brown coriander) 為摩洛哥產，在香氣中帶有甜味的印度產芫荽則稱為綠色芫荽 (green coriander)。

實物大小

當有人問道：「你最喜歡的香料是什麼？」我一定毫不考慮的回答：「芫荽。」它那一股清新襲人的香氣，讓人全身舒暢。對我來說，美味的香料咖哩中不可缺少的存在正是芫荽。即使是不需要使用芫荽的咖哩，我也會忍不住想多少加一點點進去。甚至覺得全都是芫荽也無所謂。我之所以那麼喜歡芫荽的原因，並不只是因為它迷人的香氣。

還有其實是因為芫荽曾經拯救了陷入苦惱中的我。我在初當上主廚、可以自己調配香料、製作咖哩時，有好一陣子為了要怎麼調製香料感到非常困擾。不知道要加入哪一種香料，而且要加多少量才能讓咖哩中的香氣顯得協調。這個時候，我從出生於南印度的主廚那裡聽到「協調的香料」這個詞彙。他一派輕鬆地向我說：「你把所有的香料都拿來，然後每一種都一點一點加進去試試看。最後再把大量的芫荽倒進去，就大功告成了！」

像揭穿魔術師障眼手法的這一串言論，果然不假。在瞭解了芫荽的角色後，我終於能夠向一直苦惱於如何調製香料的日子告別。真是一輩子都無法忘記芫荽的恩情。希望芫荽可以一直擔任我料理咖哩時的最佳幫手。

棕色芫荽籽
綠色芫荽籽
棕色芫荽粉
綠色芫荽粉

孜然
Cumin

學　名	Cuminum cyminum
別　稱	印度稱為 JIRA、茴香
科學分類	傘形科孜然芹屬，一年生草本
原 產 地	埃及
使用部位	種子
味　道	擁有獨特強烈的香氣
功　效	提升食慾、改善肝功能異常、胃弱、拉肚子的症狀
特　徵	是葛拉姆馬薩拉、咖哩粉、辣椒粉等綜合香料中的靈魂人物。在非洲的古斯米料理 (couscous)、美國的辣味肉醬 (chili con carne)、中東的羊肉料理 (Mutton)，甚至是從蒙古到中國內陸地區，世界上許多地方都可以看見孜然的蹤影。

實物大小

烤過的孜然原形

孜然籽這種香料，是讓我投入香料咖哩懷抱的初戀情人。在我一直使用咖哩塊和咖哩粉製作咖哩的那一段時間裡，某天，孜然突然悄悄地來到我身邊。或許是它知道了點什麼吧？想要告訴我在製作咖哩醬料前，先把孜然的原形香料放入油鍋裡炒，會做出好吃的咖哩吧？而結果真的是如此。

當孜然籽在熱油中緩緩冒出泡泡，呈現美麗金黃色澤的同時，也開始傳來從未曾體驗過的強烈味道。啊！這就是印度！我在那一瞬間頓時陷入了歡欣鼓舞的情緒中。我覺得孜然也許是在單一香料種類中，能讓最多人聯想到咖哩的香料吧！繖形科香料獨具的清爽撲鼻，還有那種特別又令人上癮的味道，成為咖哩醬料基底的一部分。放進口中咀嚼時，順時在嘴裡散發的刺激感也令人上癮。

在孜然為我打開香料大門後的不久，因為開始接觸其他各式各樣的香料，孜然的存在感漸漸變得稀薄，我便離開了孜然的懷抱。啊！是孜然啊！我也曾經有喜歡它的時候啊！彷彿懷念起從前的戀人般的語氣。現在我喜歡使用烤過後再磨成粉的孜然，將它撒在要起鍋的咖哩上。或許我也多少有了成長。

烤過的孜然磨粉
孜然原形
孜然粉
以熱油爆香過的孜然籽

綠荳蔻
Cardamon

學　　名	Elettaria Cardamomun
別　　稱	小豆蔻
科學分類	薑科小豆蔻屬，多年生草本
原 產 地	印度、斯里蘭卡、馬來半島
使用部位	種子 (果實)
味　　道	氣味清新且芳香
功　　效	治腹瀉、頭痛、健忘、體能退化
特　　徵	是價格僅次於番紅花、香草的香料，有「香料之后」之稱。順便一提，胡椒則有「香料之王」之稱。把綠荳蔻漂白，則稱為白荳蔻。此外，香荳蔻 (Black cardamom) 又稱為大荳蔻 (greater cardamom)，是其近親品種。會使用在中東國家的荳蔻咖啡或印度的馬薩拉茶中。

實物大小

相信大家常聽到「香料之后」這個詞彙。綠荳蔻的魅力即在於它高雅清新的香氣，要說它「高貴」也不為過。我還會在發生討厭的事情時，把鼻子湊進儲藏綠荳蔻的密封罐中，深深地呼吸，不知怎樣，總是非常療癒。但綠荳蔻的魅力不僅止於此，它那美麗的外表在所有香料中也是拔得頭籌。那帶著鮮豔黃綠色、紡錘形狀的果實，有著整齊的長型條紋，實在是很美麗。

當我造訪從因香料貿易發展而繁榮，並因此聲名大噪的南印度喀拉拉邦香料市場，在某間香料店裡看見令人難以置信的綠荳蔻。那些綠荳蔻呈現出的鮮豔綠色，就像一整盤剛摘採下來的茶樹嫩芽般翠綠。我想，即使用色筆上色，也無法出現如此漂亮的色彩，而它的香味也如同想像中出色。到目前為止，我所見過的綠荳蔻到底是些什麼東西呢？原來最美麗的綠荳蔻，是在喀拉拉邦！從那次之後，我每次拜訪印度時，一定會去市場找漂亮的綠荳蔻帶回日本。

另外，外表全然不同的香荳蔻也是種具有魅力的香料。它具有一種獨特的煙燻焦臭味，是個擁有強烈獨特香氣的香料。在肉類的咖哩中加入少量的香荳蔻，一定會瞬間幫這道料理的美味程度加分，因為在醬汁裡增加了難以置信的層次。除了價格有點高之外，荳蔻實在是種非常棒的香料！

香荳蔻
香荳蔻粉
綠荳蔻
綠荳蔻粉

丁香
Clove

學　　名	Syzygium aromaticum
別　　稱	丁子香
科學分類	桃金孃科蒲桃屬，常綠喬木
原 產 地	印尼、東印度群島、菲律賓南部
使用部位	花
味　　道	香甜且具有層次的豐富香氣
功　　效	減緩神經痛、關節炎、頭痛、胃弱、口臭的症狀
特　　徵	採收丁香木開花前未成熟的紅色花蕾乾燥製成，是種特殊部位的香料。自古以來，中國就有將丁香含進口中以消除口臭的用法。印度現在也有用咀嚼丁香來減緩牙痛的說法。從以前開始，西方就會在柑橘上鋪滿層層的丁香，當作櫃子的芳香劑使用，同時也是伍斯特黑醋醬(Worcester sauce) 的主要成分。

實物大小

在我獲得的情報中，日本喜愛咖哩的死忠粉絲，大都喜歡丁香。在腦海中可以快速浮現店名的東京都內咖哩餐館，就有好幾家，每間都人聲鼎沸，且瀰漫著磨成粉狀的丁香所散發出的陣陣香氣。我自己也有一陣子迷戀上丁香。靜下來想想，那種像在喝中藥時的強烈藥味，很可能破壞了咖哩的味道，但不可思議的是這種獨特而強烈的香氣，可讓人胃口大開、多吃好幾碗飯。

丁香是摘下花苞後，乾燥製成的香料。到底是誰想出把花苞當成香料來用的點子呢？而且從丁香花的外形來看，應該也無法聯想到它的香氣和顏色。乾燥後非常堅硬的丁香，在用熱油炒過後會慢慢膨起，放進料理中開始燉煮後，又會變得十分軟爛。丁香粉帶有強烈的香氣，以前我在煮好咖哩要起鍋前，會將丁香粉撒在咖哩上，但總會有種對不起這盤咖哩的感覺。

雖然現在喜歡上丁香的味道，但在調配香料時各種香料均衡比例的考量之下，不再會毫無節制的使用丁香。在使用丁香原形時，一人份的咖哩大概會使用一顆到一顆半的丁香。只要不是做為葛拉姆馬薩拉的材料，我幾乎不會使用粉末狀的丁香。因為它是個有強烈影響力的香料，要適當的運用也有些難度。

丁香粉
丁香原形

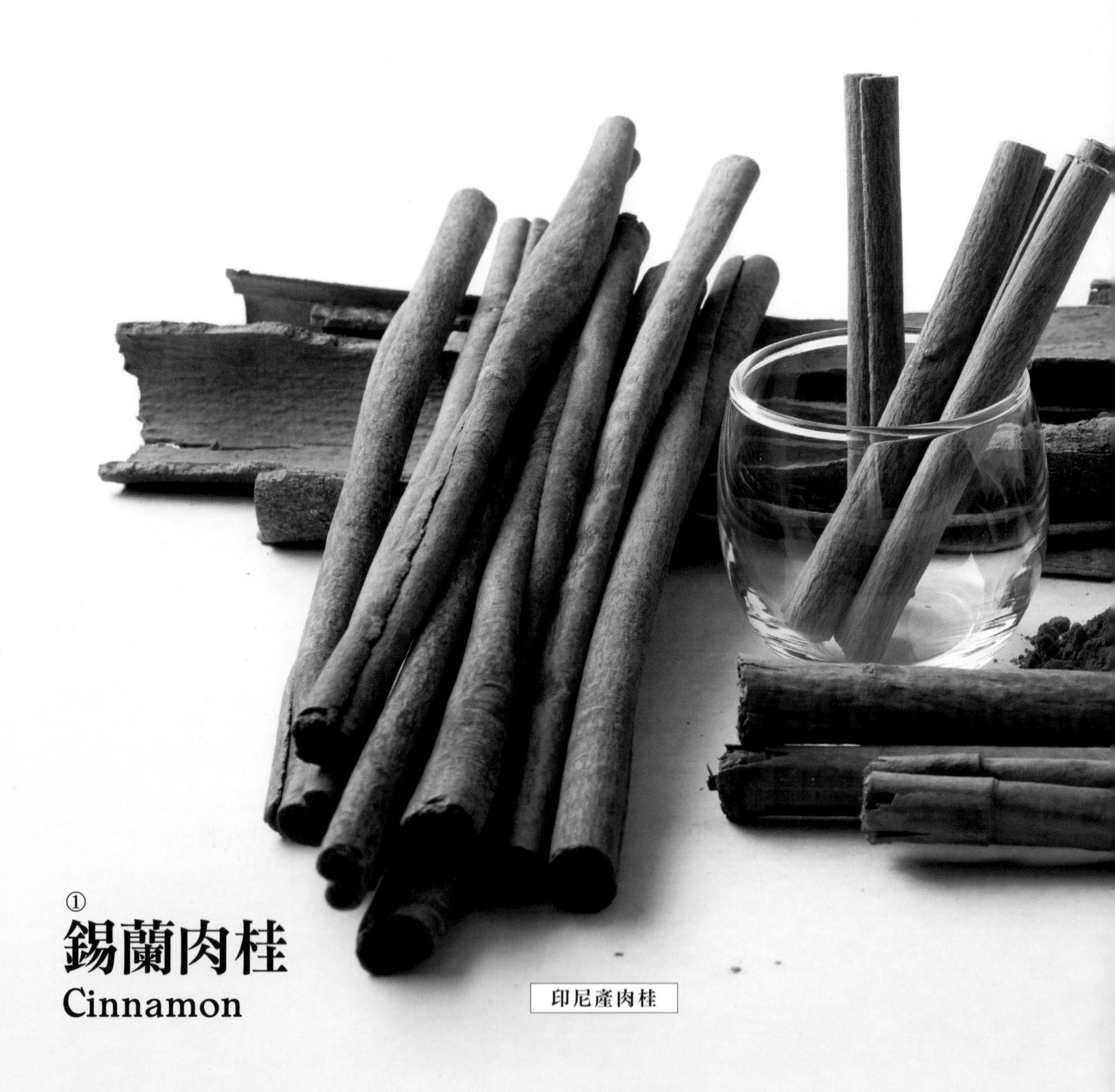

① 錫蘭肉桂
Cinnamon

① 錫蘭肉桂

學　　名	Cinnamomum verum
別　　稱	肉桂、桂皮
科學分類	樟科肉桂屬，常綠喬木
原 產 地	斯里蘭卡
使用部位	樹皮
味　　道	些微香甜且帶有層次的氣味
功　　效	能減緩感冒、失眠、壓力累積的困擾，改善虛弱孩童體質
特　　徵	是肉桂吐司、肉桂可可和京都和菓子「八橋」的主要原料，具有萃取出甜味的功能。棒狀的錫蘭肉桂是取肉桂樹最外層的優質樹皮捲製而成。產於斯里蘭卡的錫蘭肉桂 (Ceylon cinnamon)，是肉桂中香氣濃郁且本身帶有甜味的高級品。

② 中國肉桂

學　　名	Cinnamomum cassia
別　　稱	玉桂、官桂
科學分類	樟科樟屬，常綠喬木
原 產 地	阿薩姆地區、緬甸北部
使用部位	樹皮、果實、葉子
味　　道	具有強烈的甜味與澀味
功　　效	能滋補強身、改善腹瀉、嘔吐及腹部脹痛的症狀
特　　徵	為中國料理中不可或缺的材料，亦使用於綜合香料的五香粉中。與錫蘭肉桂相比，中國肉桂的氣味較為原始粗曠，市場上多認為錫蘭肉桂的品質較佳。

②
中國肉桂
Cassia

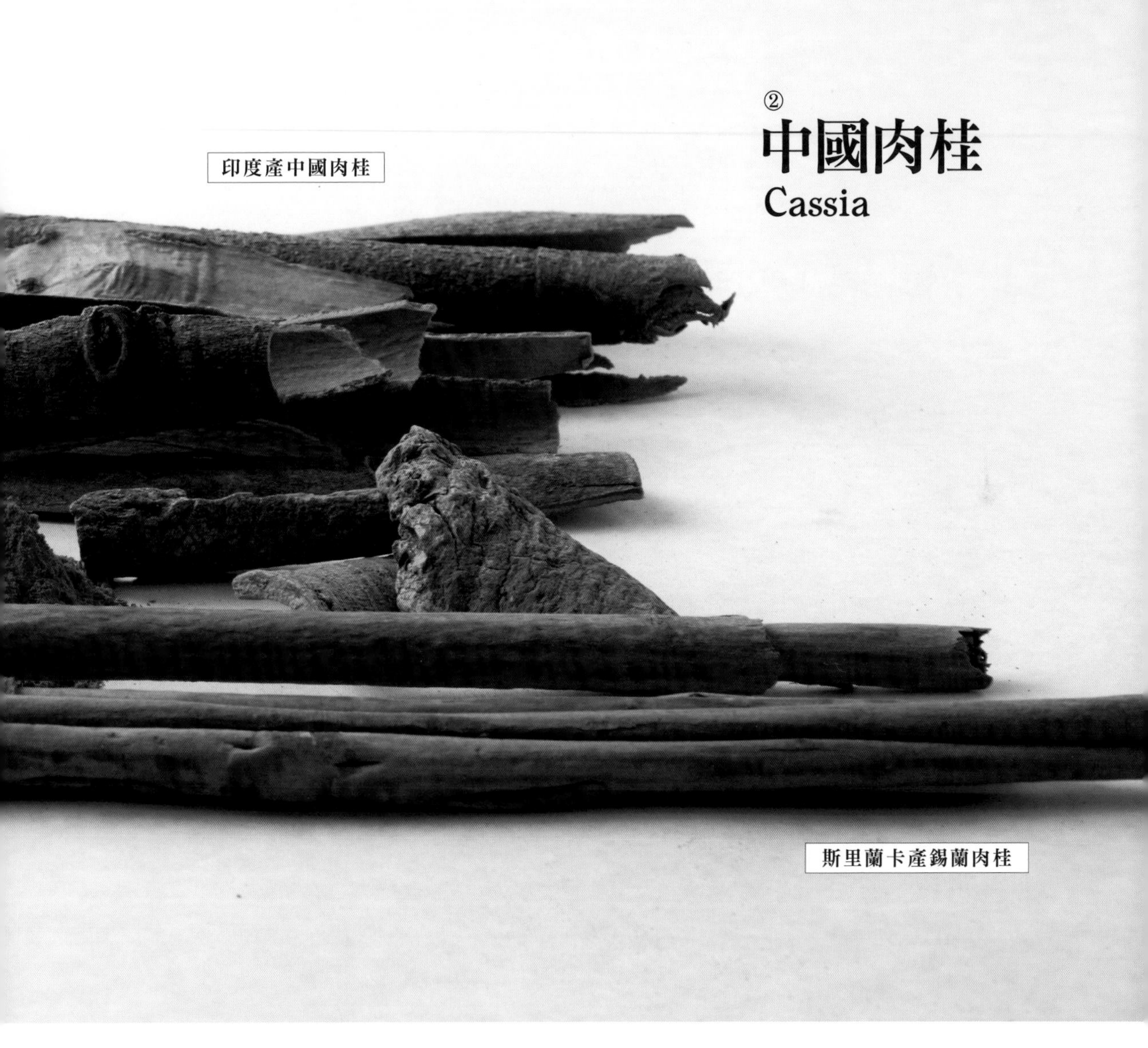

在即將大功告成的咖哩中加入一些樹皮，便讓這道咖哩的風味瀰漫著道地的感覺。即使是這樣細微的地方，我認為肉桂實在是個偉大的香料。我無法忘記初次與產於斯里蘭卡的錫蘭肉桂相遇時的事。那讓我頓時感受到一陣衝擊，覺得世界上居然存在著香氣如此濃郁的肉桂？之後再加以咀嚼，出現了一股甜味，更是驚為天人。而且這是從樹木的外皮做成的嗎？有種像是用菸草捲起的感覺。

雖然我喜歡在咖哩中加進肉桂，但也會小心使用。因為從來沒有用過粉狀的肉桂，都是用肉桂原形放進油鍋內翻炒，但使用過量的話也會破壞整體的味道。以前也曾經發生過變成難吃到無法挽回的情況。順道一提，在我的印象中，錫蘭肉桂適合搭配甜點，而中國肉桂則適合料理鹹味的菜肴。因此，我覺得中國肉桂比較適合搭配印度咖哩。

實物大小

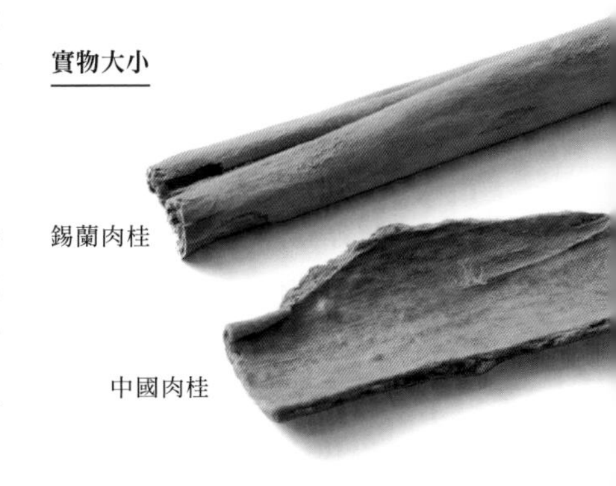

肉桂葉 Cinnamon leaf

學　名	Cinnamomum cassia
別　稱	月桂葉、中國肉桂
科學分類	樟科樟屬，常綠喬木
原產地	阿薩姆地區、緬甸北部
使用部位	樹皮、果實、葉子
味　道	具有強烈的甜味與澀味
功　效	能滋補強身、改善腹瀉、嘔吐及腹部脹痛的症狀
特　徵	在印度料理中所指的月桂葉 (Bay leave)，並不是月桂樹的葉子，而是中國肉桂的葉子，或是錫蘭肉桂的葉子，所以也稱為印度月桂葉。

月桂樹葉 Laurel

學　名	Laurus nobills
別　稱	月桂葉
科學分類	樟科月桂屬，常綠喬木
原產地	歐洲、亞洲西部
使用部位	葉子、果實
味　道	細膩清新的香味
功　效	可減緩神經痛、關節炎、瘀血腫脹、扭傷的症狀
特　徵	在希臘中象徵榮耀的月桂冠即是以此種葉片做成。在火上鍋 (Pot-au-feu) 或法式清湯 (Bouillon) 等菜色中是不可或缺的食材，也是法國香草束 (bouquet garni) 的其中一種材料。在新鮮的狀態下葉片帶有苦澀味，經過乾燥處理後便會產生迷人香氣。

實物大小

月桂樹葉

肉桂葉

我在認識肉桂葉 (Cinnamon leaf) 之前，一直認為在印度料理中所指的月桂葉，就是月桂樹葉 (Laurel)。我曾經去拜訪過南印度 Thekkady 這個位於山區的香料小鎮。當地導遊的老伯伯指著一顆巨大的樹木問說：「你知道這是什麼嗎？」然後遞給我一片樹葉。大大的葉片上有著三條綜長形的葉脈，撕碎葉片後用鼻子聞了一下，是肉桂的香氣。我不敢相信這種香氣是從葉片中傳來，而不是經由樹皮傳出。然後，理所當然的，我理解到這種香氣與在萃取法式清湯時使用的月桂樹葉，是完全不同的植物。香料是種植物啊！肉桂教會了我這件理所當然的事。在日本可以取得的乾燥肉桂葉，多是香氣已消散多時，憑良心來說，我覺得即使加進咖哩也沒有什麼太大的作用。但仍覺得有香料的魔法存在。

月桂樹葉
肉桂葉

芥末籽
Mustard

學　名	Brassica nigra（黑芥）、Sinapis alba（白芥）
別　稱	黃芥末
科學分類	十字花科十字花屬（黑芥）、十字花科歐白芥屬（白芥）
原產地	印度（棕芥）、南歐（黑芥）
使用部位	種子
味　道	微苦和柔和的辣味
功　效	提振食慾、改善胃弱、便秘、肌肉痠痛的症狀
特　徵	是日本辣醬、黃芥末醬的原料。在東方香料進入歐洲前的中世紀時代，唯有芥末是平民百姓都能夠用來調味的香料，可見其運用的程度範圍之廣。白芥末是另外一個品種，外表微黃，顆粒較小的種類則稱微黃芥末。

實物大小

當芥末籽在滾燙的油鍋裡翻滾時，對美味咖哩的期待感頓時提升。大概在這個同時，放入葫蘆芭籽或紅辣椒原形一起拌炒，或者之後會加入小扁豆或茴香籽，但鍋內的主角仍舊是芥末籽。

雖然芥末籽多被分類為辛辣的香料，但老實說我並不認同。在咖哩中使用芥末的目的並不在於增加辣度，因為在翻炒芥末籽的過程中，並不會產生太多辣味。那為什麼要用芥末籽呢？這仍然是個謎團。在南印度料理中使用芥末籽的目的不在於增添辣度，而是想增加香氣，沒有芥末籽就無法產生那種堅果般誘人、令人食慾大振的香氣。在大部分的情況下，芥末籽都是直接以顆粒狀使用，我會對磨成粉狀的芥末著迷，是在料理酸辣豬肉(Pork Vindaloo)這道印度果亞邦(Goa)的料理時。將這種與顆粒狀芥末截然不同的強烈香氣及辣味加進咖哩，風味即變得層次分明而有深度。在東印度加爾各答遇到使用芥末籽油處理的孟加拉料理而讚不絕口時，才又發現了芥末的另外一種風貌。那種獨特的香氣帶出了食材內部深層的美味，芥末真是在此大顯身手。忍不住要大喊道「芥末萬歲！」。

棕色芥末籽
棕芥末粉
黃芥末籽
黃芥末粉

小茴香
Fennel

學　　名	Foeniculum vulgare
別　　稱	茴香、法文名為 fenouil、義大利文為 Finocchio
科學分類	傘形科茴香屬，多年生草本
原 產 地	地中海地區
使用部位	葉子、種子
味　　道	令人神清氣爽的香甜氣味
功　　效	能改善高血壓、胃弱、腹痛、腰痛的症狀
特　　徵	在歐洲稱為「魚香料」，常用於烹調魚類。尤其具有可以消除魚腥味和適度抑止魚類過多膩口脂肪的功能。在義大利料理中使用的、具有膨大根部的品種，稱為佛羅倫斯茴香。經過植物學家的研究顯示，有改善視力的效果。

實物大小

在印度料理店的收銀台旁，通常都會有一個小盤子，裡面放著許多跟白砂糖很像的綠色種子。有時候也會看到用粉紅、綠色、黃色等多種色彩的糖衣包裹著的種子，像是給客人在用餐後清新口腔氣味的感覺。我常被其他人問道「那是什麼？」那就是小茴香。

把小茴香含在嘴裡，試著咬下，就會有股清香從口中散發開來，讓人感覺神清氣爽。如果吃了點較油的料理，也可以去除口中的油膩感，非常實用。因為初次接觸小茴香是在這種狀況之下，想要把小茴香使用在咖哩上時，便產生了猶豫。因為那是要把具有餐後清新口氣功能的香料，在享用料理時放入口中。這樣咖哩會好吃嗎？這不就像是把牙膏放進料理中嗎？這不用說也是我自己多餘的想法。

小茴香籽獨具的香氣，在料理具有獨特味道的食材時，發揮了它強大的功能。在海鮮咖哩，甚至是魚類咖哩之中，小茴香完全可以與之均衡搭配。雖然外表上與孜然籽等類的這種傘形科香料類似，但那種柔和細膩、清新的香氣，是小茴香獨具的特色。這樣子小茴香已經足夠稱為魚類料理專用的香料了吧？雖然我也喜歡把小茴香使用在雞肉咖哩中。

小茴香粉

小茴香原形
糖衣茴香

葫蘆芭
Fenugreek

學　名	Trigonella foenum graecum
別　稱	雲香草、香苜蓿
科學分類	豆科葫蘆巴屬、一年生草本
原產地	中東、非洲、印度
使用部位	種子、葉片
味　道	綜合些許的苦味及甜味
功　效	提振食慾，能改善失眠、消除壓力、體能衰退的症狀
特　徵	據說在古埃及時，將此種香料塞進屍體內，做成木乃伊。因為葫蘆巴籽富含蛋白質、維他命及礦物質，受到大量素食主義者的喜愛。研究證實持續攝取一定份量的粉末，有減重的效果。在世界各地中有許多地方栽植。

實物大小

葫蘆巴葉粉末

乾燥葫蘆巴葉

葫蘆芭是一種完全不知其真面目為何的香料。試著把葫蘆巴籽跟其他的香料種籽一起放入油鍋中翻炒，那土黃色的種子漸漸轉為棕色，之後再變成深棕色……如果再繼續炒就會燒焦。但即使花了那麼久的時間，都還未散發出什麼香氣。這種香料還適合使用嗎？

即使在咖哩完成後，也完全感受不到它的香氣。試著嘗一下味道，天啊！超苦！這到底是什麼東西！從變成黑色的葫蘆巴籽中飄來陣陣的苦味。我後悔地想：「如果不加這個進去就好了，這種香料到底要怎麼運用才恰當呢？」真的有很多主廚像我一樣為了如何使用葫蘆巴籽而大受困擾。

乍見之下，葫蘆巴籽是種沒有任何特徵、再怎麼平凡也不過的香料。不過，將少許的葫蘆巴籽加進最初翻炒的香料中，再轉小火一直將它炒到變成深深的焦黃色，很不可思議的是，這時便會產生一股甜甜的香氣。咖哩中的美味秘密就隱藏在這裡。另外，如果加入粉狀的葫蘆巴籽，便可以感受到少許的鮮甜。而讓看似單純的咖哩變美味的祕訣就在於葫蘆巴的葉片，在印度稱之為「乾燥的葫蘆巴葉」(Kasoori Methi)。乍見之下，它的外表就像一團雜草，但將它稍微搓揉後放進鍋裡翻炒或燉煮，便會增加一股令人食指大動的香氣。因此，葫蘆巴是個種籽和葉片都可以使用的萬能香料。

葫蘆巴籽粉

葫蘆巴籽原形

胡椒
Pepper

學　名	Piper nigrum
別　稱	黑胡椒
科學分類	胡椒科胡椒屬，攀緣草本植物
原產地	南印度馬拉巴爾 (Malabar)
使用部位	果實
味　道	具有層次的清香及刺激性的辛辣味
功　效	增加食慾、減緩糖尿病、肥胖的症狀，有利尿作用
特　徵	是世界上使用最廣泛的香料。在古代歐洲的交易市場上，甚至與黃金的價格相同。顆粒越粗的胡椒，據說品質越好。在果實未成熟的狀態下，經由各種加工程序，有發酵後的黑色、冷凍乾燥後的綠色、去除外皮後乾燥而成的白色等各種產品，名稱也隨之不同。也有近親品種的蓽拔 (Long pepper) 和粉紅胡椒 (pink pepper，漆樹科胡椒樹的果實)。

實物大小

白胡椒粒

大家在烤肉之前，通常會撒上胡椒鹽，這裡的胡椒鹽指的便是黑胡椒。或許會有人認為這不是理所當然的事嗎？但我想幾乎所有人除了在這種場合使用黑胡椒外，應該也不會在其他地方使用黑胡椒。或者會在料理肉片炒青菜時灑上一點黑胡椒、也有人會將磨成粗粒的黑胡椒撒在起司或冰淇淋上。順帶一提，拉麵店放在桌上的調味胡椒罐，雖然黑白胡椒都有，但只放白胡椒的店家比較多。在香料咖哩中使用胡椒時的感覺有些不同。用黑胡椒原形顆粒時，會隨意將它丟入油鍋中拌炒。但在使用黑胡椒粉時，會在炒完洋蔥基底時，加入 1 小匙 (4 人份)。這樣一來，起鍋的咖哩中除了有令人為之一振的適量辛辣感外，還可以感受到多層次的風味。尤其與肉類的咖哩最為搭配。

要在香料咖哩中適度使用黑胡椒，也需要一點經驗的累積。這倒不是因為掌握它的使用方法很困難，而是並沒有產生想要把大量黑胡椒加進咖哩的想法，但實際試試看後也意外的簡單。不管是胡椒原粒或者是粉末，都會提升食材的風味，但如果是使用粗粒黑胡椒的話，就必須注意。否則在放進口中時產生的爆發性刺激辛辣，會讓你手忙腳亂。

粗粒黑胡椒片
白胡椒粉
黑胡椒粒
黑胡椒粉

紅椒粉
Paprika

學　　名	Capsicum annuum grossum
科學分類	茄科辣椒屬，多年生草本
原 產 地	熱帶非洲
使用部位	果實
味　　道	些許的甜香和豐富的香氣
功　　效	抗癌、抗氧化、動脈硬化
特　　徵	雖是與紅辣椒同種，但因在匈牙利進行品種改良，成為不具辣味的品種。「Paprika」為匈牙利語。

紅椒粉在印度料理中，幾乎是種被忽略的香料。因為那難以言喻的香甜氣味和馥郁的香氣讓我愛不釋手，所以對紅椒粉有很大的信賴感。我會積極的使用紅椒粉，是在煩惱要怎麼處理紅辣椒的辣味而進行各種實驗的時候。想要將辣椒的香氣加入咖哩之中，但是加太多的話又會過辣而無法下嚥。在思考有沒有類似的香料可以替代時，想到同樣是茄科的紅色甜椒。

試著使用在料理中時，準確命中了預期中想要達到的效果。因為紅色甜椒完全不辣，所以可以無需擔心的大量使用。而且它的紅色又比紅辣椒要來得鮮豔濃郁，可以為咖哩增添色彩。原本我想說，這麼好用優質的香料，印度人居然不用，實在浪費。但在某種時機下，認識了善於使用紅椒粉的印度主廚，至今我都還記得那時的雀躍欣喜。

印度阿魏
Assafoetida

實物大小

學　　名	Ferula assafoetida
別　　稱	梵語名為 hiṅgu
科學分類	傘形科阿魏屬
原 產 地	亞洲西南部、北非
使用部位	根莖部
味　　道	強烈刺鼻的臭味和苦味
功　　效	可減輕痙攣、支氣管炎、腹脹的症狀、有鎮靜神經的效果。
特　　徵	其名稱來自於拉丁語中意為「臭味」的 foetida 和波斯語中意為「樹脂」的 Assa。因為具有強烈的大蒜味，還有一個別名叫做「惡魔的糞便」。是從植株根莖部取得的樹脂，經過乾燥後製成的香料。

印度阿魏是完全不存在於本人字典中的香料。「Assafoetida」這個名字拗口又難記，這到底是什麼東西呢？而且在印度時也完全沒有聽過有人提到它的印度文名字「hiṅgu」。在很久以前，常去拜訪的印度咖哩餐廳老闆問我的時後，才第一次聽到印度阿魏的名字。「你知道 hiṅgu 嗎？它是種能提煉出鮮美滋味的香料喔！」對被問得發楞的我，老闆拿出了印度阿魏給我瞧瞧。

當我打開容器，湊進鼻子一聞，被臭得差點吐出來。實在是臭得要命！一問之下才知是從樹木的根部提煉出樹脂，將其乾燥後磨成粉狀的香料。到底是哪個人會想到這種方法的呢？依照「微量使用」的建議，在製作蔬菜咖哩時，用手捏了兩小撮加進去拌炒。沒想到成品的美味居然大出意料之外，具有豐富的層次。印度阿魏和蔬菜咖哩、豆類咖哩特別合拍。至今仍覺得這應該是香料世界中的三大不可思議現象之一。

番紅花
Saffron

學　名	*Crocus sativus*
別　稱	藏紅花、西紅花
科學分類	鳶尾科番紅花屬，多年生草本
原產地	地中海沿岸
使用部位	雌蕊
味　道	可帶給食材鮮豔的黃色和芬芳的香氣
功　效	胃弱、經期異常、消化系統疾病
特　徵	以身為世界上價格最高的香料聞名。在法式料理中的馬賽魚湯 (bouillabaisse) 湯底，或者是西班牙料理中的海鮮飯 (Pallea) 要增添香味及色澤時使用。因為番紅花的色素不是脂溶性，而是水溶性，所以一般都浸泡在熱水中使用。用手工摘下一萬根的番紅花雌蕊，大概只能製成 60 克的香料。

明明是擁有紅色外表的香料，試著浸泡在水中或熱水裡，便漸漸地出現盛夏中盛開、向日葵般的鮮黃色澤，彷彿在變戲法一樣。對這個現象嘆為觀止的我，之後又再聞到從那黃色液體中傳來濃郁的香氣，真是經歷了極度的驚奇。原來這就是傳說中的番紅花啊！因為在實際使用前只知道它是「世界上最貴的香料」，但不知為何心中也同意了這種說法。

番紅花不太有機會直接使用在咖哩中。硬要說它的用法的話，就是在煮飯時吧！把番紅花直接加進咖哩的話，它的那種香氣很有可能被其他的香料影響，導致效果減半。番紅花是在人們享用咖哩時，才與咖哩相遇的香料。將剛炊煮完成的米飯傳來的熱騰騰蒸氣，吸進鼻腔時，感受到番紅花的香氣，實在讓人覺得無比幸福。啊！我之後的每一餐飯都吃番紅花飯也無所謂。這麼說來，有一次我買了現炸的豬排，將它搭配著番紅花飯一起享用。我覺得那是我此生中吃過最好吃的炸豬排定食了！

八角
Star anise

實物大小

學　　名	Illicium verum
別　　稱	八角茴香
科學分類	木蘭科八角屬，常綠喬木
原 產 地	中國南部、越南
使用部位	果實
味　　道	具有層次的特殊香氣
功　　效	預防口臭、止咳、風濕
特　　徵	成熟的果實打開後，呈現八角星形的狀態，並由此得名。另外，因為外表呈現星星形狀，氣味類似茴香，所以英語名為 Star anise。適合搭配肉類料理，但也會使用在雞湯、或海鮮類的湯品中。

如果不認識八角這種香料的話，會以為長成這樣八角形狀的東西，是小孩的玩具嗎？雖然說是星形，但不是五角形，而是八角形。把這種東西加進咖哩中，可能會變得很恐怖吧？有很長的一段時間，我只是冷眼對待這種香料，並且一直忽略它的存在。應該只有在用豬肉塊燉肉時才會用到八角吧？這樣一想，它似乎很適合搭配肉類的咖哩。那我之前怎麼都沒有想到這種事呢？一直到現在才來後悔。我會在製作咖哩時放心的加入八角，是在料理南印度喀拉拉邦稱為「喀拉拉濃湯」的蔬菜咖哩時。要煮肉類時還可以加八角，蔬菜料理時也可以用嗎？我內心一邊這樣想著，一邊半信半疑地料理，但成品居然還滿好吃。原來這種具有強烈特殊香氣的香料，只要酌量使用，就可為料理帶來富有層次的鮮美味道。順道一提，南印度原產的楊桃，雖然是五角星形，但是屬酢漿草科的常綠喬木，是完全不同種類的植物。

學　名	Myristica fragrans
別　稱	肉蔻
科學分類	肉豆蔻科肉豆蔻屬，常綠喬木
原 產 地	東印度群島、摩鹿加群島
使用部位	豆蔻核仁：種子的果核、果實；肉豆蔻皮：假種皮
味　道	些許的香甜與充滿異國情調的香氣
功　效	腸胃炎、低血壓、食慾不振、壓力繁重時
特　徵	種子的果核可製成豆蔻核仁，會再加以研磨，將它磨成粉使用。為了要去除肉類的腥味，也會使用在日式漢堡肉中。大量食用的話，會出現幻覺及嗜睡的現象。覆蓋著果核的假種皮部分，可製成肉豆蔻皮。

我不會直接把豆蔻核仁的粉末大量加進咖哩中。如果可以使用在製作漢堡肉裡，那應該很適合用在羊肉豌豆乾咖哩(KEEMA MATTR) 中。雖這麼說，如果像使用孜然或芫荽那樣的方法來使用豆蔻核仁粉末，那濃烈的苦味可能會破壞了整體風味的協調性。不過，很適合以適當的份量與其他香料調製成綜合香料。代表綜合香料的葛拉姆馬薩拉，和我最喜歡的蔬果沙拉馬薩拉中，都可見到豆蔻核仁粉末的蹤影，便是一個證明。據說在中古世紀的歐洲，被定位為麻醉藥品而禁止攝取太多的份量。不知道這種說法的可信度有多少，但我想要有一天可以擁有小型的豆蔻核仁專用磨粉器並隨身攜帶，可以輕鬆的將豆蔻核仁磨成粉末，試著加入各種各樣的料理之中。

至於肉豆蔻皮的部分，常見的用法是放進油鍋中翻炒來製作咖哩的基底香料。那種特殊又強烈的香氣，可以帶給雞肉咖哩更多的層次，增加其風味。也可以在炊煮米飯時加一點進去試試。

黑種草
Nigella

學　　名	Nigella sativa
別　　稱	印度語中稱為 kalonji
科學分類	毛茛科黑種草屬，一年生草本
原 產 地	西亞、南歐、中東一帶
使用部位	種子
味　　道	兼具苦味和甜味的特殊香氣
功　　效	有止痛、抗氧化的功能，可改善低血壓的症狀
特　　徵	在英語中稱為「霧中的愛」。是印度、匈牙利料理中使用的綜合香料和孟加拉五香裡的原料之一。在法國的綜合香料「四種香料」裡也可見到它的蹤跡。人們常常將它與黑茴香、孜然混肴，但它與傘形科的孜然截然不同。另外印度將它稱為 kalonji，意為「黑色洋蔥的種子」，所以也有人將它稱為洋蔥籽，但它與洋蔥完全沒有關係。

這個深黑色的香料，實在是個讓人煩惱的存在。因為它又稱為黑茴香（黑孜然），以為它跟茴香是近親，但其實兩者一點關係也沒有。又因為也有人稱它為洋蔥籽，所以認為它應該是洋蔥的種子，結果也沒猜對，因為它的氣味完全與洋蔥不同。在那帶有焦臭苦味的深處，還有一絲絲的香甜。

關於這個香料我惟一獲得的資訊，是在孟加拉料理中經常使用的孟加拉五香，它是其中的原料之一。但這到底會對咖哩帶來什麼樣的影響呢？

至今為止實際上我都不了解黑種草的正確使用方法。因為孟加拉五香是我喜愛的香料，所以常常用到黑種草。尤其在常使用淡水魚類的孟加拉料理中更是常見到黑種草大展身手的時刻。在料理用特殊味道的魚種或蝦類咖哩時，會大量加入孟加拉五香一起翻炒。偶爾會將它單獨放在油鍋中炒，味道也挺不錯。

①
葛縷子
Caraway
②
大茴香
Anise
④
西芹籽
Celery
③
罌粟
Poppy

⑤
獨活草
Ajwain/Ajowan

① 葛縷子

學　　名	Carum carvi
別　　稱	藏茴香
科學分類	傘形科葛縷子屬，二年生草本
原 產 地	西亞、歐洲
使用部位	種子
味　　道	帶有些許苦味的清雅香氣
功　　效	減緩腹痛、支氣管炎的症狀，預防口臭、有興奮作用
特　　徵	因為與孜然外觀相似，在法國有「牧場中的孜然」之稱。在歐洲的德國酸菜 (Sauerkrau)、香腸等食材上常見到它的蹤影。

② 大茴香

科學分類	傘形科，一年生草本
原 產 地	除了在希臘之外，地中海東部地區也有
味　　道	清新但有少許特殊、甘甜的香氣
特　　徵	外觀看來雖像種子，但在植物學分類上是果實。八角與大茴香在植物分類上並無血緣關係，但常作為大茴香的代替品。

③ 罌粟

學　　名	Papaver somniferum
別　　稱	芥子果實
科學分類	罌粟科罌粟屬，一年生草本
原 產 地	從地中海東部到中亞一帶
使用部位	種子
味　　道	淡淡似堅果般的香氣
功　　效	驅除風寒，作為收斂劑、鎮靜劑之用
特　　徵	多用於日式紅豆麵包表面。在同種植物上未成熟的蒴果壁體中有一種乳白色的樹脂，可製成鴉片。再加以提煉精緻則成為嗎啡 (但種子不含鴉片，無麻醉成分)。奶油黃色的罌粟籽為主要品種，但也有咖啡色或灰藍色的品種。

④ 西芹籽

科學分類	傘形科西洋芹屬
原 產 地	南歐
味　　道	沉穩的苦味和清新的香氣
特　　徵	在古羅馬、希臘時並不食用，而是將它做為整腸劑、壯陽藥、香料使用。現在會利用種子的部分作為醃漬蔬菜或番茄醬中的原料。

⑤ 獨活草

學　　名	Trachyspermum ammi
別　　稱	印度藏茴香、香旱芹、阿米芹
科學分類	傘形科蔓芹屬，一年生草本
原 產 地	南印度、北非、亞洲北部
使用部位	種子
味　　道	有百里香般的清香
功　　效	有防腐、殺菌的功能，能減緩消化不良、拉肚子、氣喘的症狀
特　　徵	其精油成分有殺菌的效果，也可做為防腐劑、或者是牙膏使用。在印度會將它加進稱為 Paratha 的烤餅裡，或在綜合堅果、點心中使用。

陳皮
Citrus unshiu peel

實物大小

學　名	Citrus reticulate unshiu
別　稱	橘子、溫州蜜柑
科學分類	芸香科柑橘屬，常綠低矮喬木
原產地	中國
使用部位	果皮
味　道	有柑橘類的清香及些許的苦味
功　效	減緩高血壓、咳嗽、食慾不振、嘔吐等症狀
特　徵	在中國會將成熟的柑橘類外皮乾燥後，作為中藥使用。把外皮陰乾，經過一年左右也可以直接作為藥品。在日本以溫州蜜柑代替柑橘，以作為七味唐辛子的原料而著名。

所謂的陳皮，就是柑橘類的外皮。會是誰想到要把陳皮加進咖哩？在印度咖哩或泰式咖哩中都沒有見過。第一次見到這種香料，是在某間香料公司生產的自製咖哩粉包中發現的。將20個種類的香料分別裝入小包裝裡，其中有呈現橘色、顆粒稍粗的粉末。我很喜歡那種帶有柑橘類的清新香氣。

能自己調配咖哩粉後，在多達20種的香料之中也漸漸理出個頭緒，會自我篩選，且陳皮是個越用越上手的香料，成為幾乎會固定使用的香料之一。這樣說來，再仔細看了一下日本稱為「紅罐」的長銷咖哩粉，它罐子背面的成分表中記載著原料有「薑黃、芫荽、孜然、葫蘆巴、胡椒、紅辣椒、陳皮、香辛料……」等成分。綜合30多種以上香辛料調配而成的咖哩也是非常特別。所以我覺得陳皮在日本咖哩中應該是擔任美味秘訣的角色。

在印度料理中，尤其是南印度地區，會把印度黑豆和鷹嘴豆當成原形香料使用。用油炒過後，可讓咖哩增加一股焦香。

實物大小

① 印度黑豆

學　　名	Vigna mungo
別　　稱	黑綠豆、黑扁豆
科學分類	豇豆屬蝶形花亞科，藤蔓性草本
原 產 地	印度、孟加拉、巴基斯坦
使用部位	種子
味　　道	微甜且帶有異國的香味
功　　效	腸胃炎、低血壓、增進食慾、消除壓力
特　　徵	印度自古以來都將此黑豆的乾燥品視為長期貯藏糧食之用。通常會加以燉煮或拌炒，或者是磨成粉食用。尤其是在南印度稱為tiffin的點心類中常見到它的蹤跡。磨碎成泥後便帶有黏性，常與鷹嘴豆一起搭配使用。

② 鷹嘴豆

學　　名	Cicer arietinum
別　　稱	馬豆、桃爾豆
科學分類	蝶形花亞科鷹嘴豆屬
原 產 地	印尼
使用部位	果實
特　　徵	是鷹嘴豆的一種。以鷹嘴豆來說，Garbanzo是最知名的一種，Chana dal是黑鷹嘴豆 (Black Chana) 的近親，外形較小，將其茶色的外皮剝去，碾製而成的乾燥豆類。Chana dal的粉末稱為besan，對速食主義者來說是很重要的蛋白質來源。

Fresh Spice

新鮮香料

指尚未進行加工處理的生鮮香料。
透過壓碎 (crush)、撕成小片 (tear)、搓揉 (knead)
會產生強烈的香味。
或是將它切細 (chop、mince)、
切成薄片 (slice) 後翻炒，
也可在料理完成前加入拌勻。

洋蔥 Onion

學　　名	Allium cepa
別　　稱	日本又稱為玉蔥 (tamanegi)
科學分類	石蒜科蔥屬
原 產 地	亞洲
使用部位	葉片、鱗莖
味　　道	具刺激性的辛辣和苦甜味
功　　效	減緩便祕、失眠、痛風、浮腫的症狀，促進食慾

特　　徵	從西元前即已進行人工栽培，在埃及建造金字塔的勞動階級，便透過食用洋蔥來增進體力。生洋蔥中特有的刺鼻氣味是因二烯丙基二硫成分的關係，也是辣味的主要來源，但加熱過後便會消失轉而成為甘甜。

作咖哩的人對洋蔥這種食材的關注總是高於常人。洋蔥在新鮮的狀態時，擁有刺鼻的臭味和辣度，但這些一經加熱便會轉成甘甜的味道，是個很不可思議的蔬菜。因為含有大量水分，經過拌炒會使之脫水，進而鎖住甘甜是常用的手法。順帶一提，在印度，因為較重視洋蔥的香氣甚於甜味，幾乎沒有人將洋

紫洋蔥

蔥炒軟到焦糖色。

和洋蔥同樣屬於蔥屬且類似的近親植物很多，有時也難以分辨。紫洋蔥因為呈現紫紅色而得名，其特徵為水分較多但辛辣味較少。印度的洋蔥為這種顏色，但外形較小，水分含量也少，味道強烈，也有稱為 picolos 的小洋蔥。法語中稱為 Échalote 的珠蔥 (紅蔥頭)，是主要會在西方料理中出現的香味蔬菜，英語稱為 shallot。在日本稱為 eshaletto (エシャレット) 的東西是指「蕗蕎」，名字非常相似，很容易搞混。也許是因為國外有 Échalote 的蔬菜，才將蕗蕎稱為 eshaletto。

外形長得像蔥的植物還有韭蔥 (leek)，是原產於地中海的蔬菜，在法國稱之為 Poireau，外形長得像日本的下仁田蔥，較一般蔥來得粗壯，味道較甜。在烹煮香料咖哩時，多使用洋蔥，而以上這些屬於蔥屬的近親植物，因為加熱後可帶出甘甜的味道，也常作為洋蔥的代替品。將蔥切成細碎的蔥花來做成咖哩，也是一道美味佳餚。

大蒜
Garlic

實物大小

學　名	Allium satium
別　稱	蒜
科學分類	石蒜科蔥屬，多年生草本
原產地	亞洲
使用部位	鱗莖
味　道	帶些許苦味的強烈香氣
功　效	可減輕便秘、感冒、肥胖、高血壓和動脈硬化的症狀
特　徵	在印度傳統醫學（阿育吠陀）中深信，大蒜有返老還童的功能，也有殺菌及抗氧化的作用。在加熱時散發的獨特蒜臭味，有促進食慾的功能。

大蒜是一種可以不加思索、隨興抓取份量加入咖哩的香料。在料理時可以不需任何思考，雙手快速動作。看是要切成蒜末，或是磨成泥，要動腦的大概也只有這些。但大蒜在香料咖哩中的地位，卻意外地重要。它那獨特的風味和強烈的香氣，在香料中可算是數一數二的存在。進行加熱調理後，更可增加其香味。若在大火下用熱油爆香，那香氣更是令人無法抵擋。也就是說，大蒜是種非常適合為咖哩基底增添風味的香料。

切成小塊，可以為料理增加一點蒜味，磨成泥的話，可以讓大蒜的香氣充分融入料理中。因為通常都會和薑一起使用，在印度餐廳的廚房裡都會事先備好同樣份量的蒜泥和薑泥，稱為 GG 或 G&G，也就是 Ginger&Garlic 的簡稱。雖然需要翻炒至去除腥味，但增加使用份量的話就會增加食材的鮮美，是種方便使用的香料。

薑
Ginger

實物大小

學名	Zingiber officinale
別稱	日文稱為 shouga（しょうが）
科學分類	薑科薑屬，多年生草本
原產地	印度、中國
使用部位	根
味道	帶有土香及陣陣辣味
功效	減緩感冒、四肢冰冷、胃弱、暈車的症狀，也可增進食慾
特徵	在亞洲一帶多與大蒜一起搭配使用。也會使用在薑餅、薑茶、糖漬食品中與帶有甜味的食材搭配，均衡甜膩的味道。

薑與大蒜同樣都是在製作咖哩基底時增添香氣所使用的食材。它與大蒜最大的不同點在於大都用在起鍋時的增香上。在燉煮料理時的後半，放進薑絲稍微攪拌，或是在完成的咖哩旁作為搭配，薑的清香擔任著料理整體風味使人印象深刻的重要角色。因此，十分適合使用在油脂較多的羊肉及牛肉咖哩中。

還有另外一個地方與大蒜不同，就是不僅只有香味，還有辣味。因為提到辛辣的料理，多是以辣椒、胡椒、芥末為主，較少注意到薑。不過，加入大量的薑泥炒製基底，可以使咖哩在感受到清爽的薑味外，還有漸漸從舌根傳來、底蘊豐富的辛辣感。因此，我在製作咖哩時，可以沒有大蒜，但不會不放薑。薑真是種偉大的香料。

咖哩葉
Curry leaf

學　　名	Murraya koenigii
別　　稱	南洋山椒、大葉月橘
科學分類	芸香科月橘屬，常綠喬木
原 產 地	印度
使用部位	葉片
味　　道	令人聯想到咖哩的柑橘香
功　　效	增進食慾、減緩發燒的症狀、強壯補身
特　　徵	除了南印度和斯里蘭卡之外，喜馬拉雅山區也是其原產地。新鮮葉片和乾燥葉子的香氣差距甚大。有許多印度人在自己家裡種植咖哩葉，在日本因為冬天寒冷，不易栽種，所以生鮮的咖哩葉是很珍貴的香料。在南印度及斯里蘭卡料理中是非常重要的香料。

這個香料有著「咖哩葉」這個厲害的名字。因為把此種植物的葉子撕碎後，本身即散發出一股咖哩的香氣，因此而得名。理所當然的長出這種葉子的樹，稱為「咖哩樹」。在南印度和斯里蘭卡等全年氣溫均高的地方，有的咖哩樹甚至可以長成超過 5 公尺高的大樹。但因為不耐寒冷，在溫帶地區難以栽植。

雖這麼說，但我在自己家裡種植咖哩葉已經有 7 到 8 年。高度大約是一個成人高，之後應該也不會再往上長，但在春天來時會長出嫩綠的樹葉，果實成熟掉落後，也會長出新芽。我會將它換盆，分送給朋友。新鮮的咖哩葉有濃郁的香氣，但在日本買到的乾燥葉片香味卻很淡。

在日本工作的南印度主廚看到新鮮的咖哩葉時，興奮的嚷著：「這是咖哩葉啊！咖哩葉！」咖哩葉便是如此具有魅力的香料。

青辣椒
Green chili

學　　名	Capsicum annuum
別　　稱	唐辛子、卡宴辣椒
科學分類	茄科辣椒屬，多年生草本
原 產 地	南美
使用部位	根莖、果實
味　　道	強烈刺激性的辛辣和香氣
功　　效	增進食慾、改善胃弱、感冒、四肢冰冷的症狀
特　　徵	因為辣椒耐熱的特性，所以加熱後也不會對辣度有所影響。在果實成熟前的青澀狀態下(大約在種植後的第三個月)採收。生鮮的青辣椒含有豐富的維他命 C，可協助碳水化合物的消化作用。在強烈的辛辣外，還有獨特的香氣，在印度料理中是個十分重要的食材。

如果在附近的超市裡看到青辣椒，建議不管如何先將它買來放著。因為它不是種可以簡單買到的香料，十分珍貴。在香料咖哩中青辣椒的作用在於增加香味和辣度。那青澀的香氣一經加熱，即變身成為馥郁的香氣，只要嘗試過一次後就會上癮。青辣椒具有不經炒製就不會產生的香氣，雖然可以用獅子唐辛子(Shishito)或青椒代替，但卻遠遠不敵正統青辣椒的魅力。

將青辣椒縱切一刀，再放進料理中燉煮，或者是切丁後再用油熱炒都可。其炒製的時間，與洋蔥、大蒜、薑等相同，炒到去除它的青澀味即可。如果要用在印度一種類似菠菜或芥菜、稱為 Saag 的青菜製作咖哩時，可與青菜一起放進滾水中加熱煮熟後，再以食物調理機打成泥狀。在多種處理方式下，都可以增加料理的風味和辣度。

香菜
Coriander leaf

學　名	Coriandrum sativum L.
別　稱	泰語稱為 Phakchi、芫荽、鹽須
科學分類	繖形科芫荽屬，一年生草本
原產地	地中海地區
使用部位	種子、葉子、莖部、根部
味　道	清新的香氣
功　效	改善肝功能異常、胃弱、感冒、減緩發炎症狀
特　徵	是個歷史悠久的香料，在西元前 1550 年的醫學典籍和梵文書籍中也有記載。喜歡香菜味道的人與厭惡此味道的人明顯分為兩種派別，習慣了它的味道後通常難以抗拒。Phakchi 的稱呼來自泰語，在日文中也是香菜的通稱。

我不喜歡香菜。以前一直覺得怎麼會有人吃這麼難吃的東西呢？我在某間泰式咖哩餐廳中這樣講著，餐廳老闆便給我一個奇怪的建議：「你忍耐個 10 次試著吃下去，到第 11 次時就會上癮。」我不疑有它，忍耐著香菜的氣味老實照做，但也忘記是否是在第 11 次時，便不知不覺地愛上這個味道。原本覺得帶青草澀味和刺激性味道的香菜，竟然感受到一陣令人神清氣爽的香氣。在香料咖哩起鍋前加進香菜，可以帶出料理整體的風味，讓咖哩更好吃。

香菜就是英文中稱為 Coriander（芫荽）的香料。可將其乾燥的種子碾碎或者磨成粉末使用，但使用其他部位時大多用新鮮的植株。可以將整把香菜打成泥狀使用，或者是將葉子撒在料理上當成擺盤的裝飾。我喜歡把香菜的根部或莖部下方切碎，先在料理時炒熟，剩下的部分再大致切過，於料理起鍋前拌入。香菜多使用在泰式料理上，但印度料理中也十分常見。

① 箭葉橙

學　名	Citrus hystrix
別　稱	泰國萊姆、卡菲爾萊姆、馬蜂橙、日語稱為瘤蜜柑
科學分類	芸香科柑橘屬
原產地	東南亞
使用部位	葉片、外皮
味　道	類似檸檬的清香
功　效	可殺菌、防腐、減輕腹痛
特　徵	在泰式酸辣蝦湯 (TOM YUM KUNG) 或泰式咖哩中是不可或缺的食材。外形像是兩片葉子連在一起似的，十分特別。也會使用其帶有苦味的外皮。

② 露兜樹葉

學　名	pandanus odoratissimus
別　稱	七葉蘭
科學分類	露兜樹科露兜樹屬
原產地	亞洲南部
使用部位	葉片
味　道	類似香米的強烈芳香
功　效	尚未得知
特　徵	特徵為葉片像劍一般細長，葉子前端成尖狀，帶有光亮的色澤。在印度料理中會使用在肉類上，在斯里蘭卡咖哩中是不可缺少的著名香料。

③ 檸檬草

學　名	Cymbopogon citratus
別　稱	檸檬香茅
科學分類	禾本科香茅屬，多年生草本
原產地	熱帶亞洲
使用部位	莖部、葉片
味　道	類似檸檬的清新香氣
功　效	促進消化，可改善感冒、腹瀉的症狀，預防貧血
特　徵	一般人認為在泰式料理中經常見到，但印度在數千年前便將其定位為藥草。現在的印度咖哩中，也有不少作法會用到檸檬草。

① 辣薄荷

學　　名	Mentha × piperita
別　　稱	胡椒薄荷、椒樣薄荷
科學分類	脣形科薄荷屬
原 產 地	地中海沿岸、歐洲一帶
使用部位	花、莖部、葉片
味　　道	具刺激性的香甜氣味
功　　效	抗過敏
特　　徵	是綠薄荷 (Spearmint) 與水薄荷 (Watermint) 混種而成。比綠薄荷的香氣來得強烈，葉片不易萎縮也較柔軟。

② 鼠尾草

學　　名	Salvia officinalis
別　　稱	Common Sage、藥用鼠尾草
科學分類	唇形科鼠尾草屬
原 產 地	地中海沿岸、北非一帶
使用部位	葉片
味　　道	清爽香氣及些微苦味
功　　效	具抗氧化功能、能改善貧血、喉嚨痛、口內炎的症狀
特　　徵	在中世紀的歐洲有「長生不老的香草」之稱。新鮮的葉片帶有絲絨般的觸感。是製作香腸的原料，據說其名稱即是源於此。

③ 百里香

學　　名	Thymus vulgaris
別　　稱	日本稱為立麝香草、Common thyme
科學分類	唇形科百里香屬
原 產 地	歐洲、北非、亞洲
使用部位	葉子、花
味　　道	顯著的香氣及適當的苦味
功　　效	減緩胃弱、頭痛、神經性疾病、疲勞及鼻炎的症狀
特　　徵	其名稱來自希臘語的「thyo」，意為清新的香氣。據說是最有抗菌效果的香草，多使用在香腸、醃黃瓜、醬料等能長期保存的食品中。即使加熱後也不減其香味，適合燉煮類的料理。

④ 奧勒岡

學　　名	Origanum vulgare
別　　稱	牛至、日文又稱為「花薄荷」(ハナハッカ)
科學分類	唇形科牛至屬
原 產 地	歐洲
使用部位	葉片
味　　道	具些微苦味及帶有清涼感的香味
功　　效	減緩頭痛、腸胃、呼吸系統疾病的症狀
特　　徵	多使用在義大利料理和墨西哥料理中，適合搭配番茄和起司。在稱為「披薩香料」的產品中大多可見到它的蹤影。

⑤ 留蘭香

學　　名	Mentha spicata
別　　稱	荷蘭薄荷
科學分類	脣形科薄荷屬
原 產 地	地中海沿岸
使用部位	花、莖部、葉片
味　　道	具些微刺激性的甜香
功　　效	有殺菌、防腐、提神，舒緩心理疲勞的作用
特　　徵	葉片比辣薄荷大，有些皺褶，葉緣成鋸齒狀。香氣沒有辣薄荷濃。

⑥ 羅勒

學　　名	Ocimum basilicum
別　　稱	甜羅勒 (sweet basil)、common basil、義大利語則稱為 Basilico。
科學分類	唇形科羅勒屬，多年生草本
原 產 地	印度、熱帶亞洲
使用部位	葉片、種子
味　　道	帶有層次的馥郁甜香
功　　效	具有促進消化、減緩自律神經失調、安定心神的效果
特　　徵	因為日本冬季寒冷，羅勒難以度過，所以歸類為一年生草本。在印度是種神聖的植物。以義大利料理中熱內亞 (Genovese) 醬料而著名。

⑦ 蒔蘿

學　　名	Anethum graveolens
別　　稱	刁草
科學分類	傘形科蒔蘿屬
原 產 地	亞洲西南部及中亞一帶
使用部位	種子、葉片
味　　道	具刺激性的辛辣香氣
功　　效	紓壓、促進消化、減緩腹痛
特　　徵	Dill 的名稱源自於古斯堪地納維亞語，意指安慰。在歐洲稱為「魚香草」，適合搭配海鮮類的料理。

⑧ 迷迭香

學　　名	Rosmarinus officinalis
別　　稱	日語讀為 Mannenro（マンネンロウ），漢字則與中文相同。
科學分類	唇形科迷迭香屬
原 產 地	地中海沿岸
使用部位	花、葉片
味　　道	振奮精神的清爽香味
功　　效	有抗氧化、減緩發炎、降低血液循環障礙的作用
特　　徵	除了香氣強烈外，因為除臭和抗菌作用顯著，古代西方國家中便使用在肉類料理和湯品中。迷迭香製成的香草茶則有「返老還童」的茶品之稱，據說有消除疲勞，促進大腦活性化的功能。

我很喜歡西洋芹，總是用手折些西洋芹，大量加進熬煮法式清湯。或是打成泥狀，在製作咖哩基底時一起拌炒。

巴西利在加熱調理後較好吃。可以在完全磨成泥狀之前用來做海鮮類料理的醬料，或者直接生吃裝飾於炸豬排旁的巴西利也不錯。

① 西洋芹

學　　名	Apium graveolens
別　　稱	芹菜
科學分類	伞形科芹屬
原 產 地	南歐
使用部位	種子、莖部、葉片
味　　道	些許沉穩的苦味和清香
功　　效	紓壓，可舒緩失眠、氣喘、肝病、支氣管炎的症狀
特　　徵	西洋芹的莖和葉片是法式清湯等料理中，熬高湯時不可或缺的增香蔬菜。種子則是製作醃黃瓜、番茄醬的材料之一。

② 巴西利

學　　名	Petroselinum crispum
別　　稱	香芹、荷蘭芹、洋芫荽
科學分類	伞形科歐芹屬，二年生草本
原 產 地	地中海沿岸
使用部位	莖部、葉片
味　　道	可感受到苦味及辣味的青草香氣
功　　效	消除疲勞、預防貧血、經期不順、有美肌效果
特　　徵	是西洋料理中擺盤裝飾的固定使用香草，也是最有名的香草之一。深受全世界的喜愛，其中所含的營養成分也較其他蔬菜高了許多。

羅望子
Tamarind

學　名	Tamarindus indica
別　稱	酸豆，日本稱朝鮮藻玉
科學分類	豆科蘇木亞科酸豆屬
原產地	東非
使用部位	果實
味　道	微微的甘甜和些許酸味
功　效	減緩腸、肝臟、腎臟疾病和缺乏維他命的症狀
特　徵	外形就像是放大版的土黃色四季豆。市場上通常都是販賣部分半乾的豆莢和包覆著果實的深棕色、白色的黏稠塊狀物。是南印度料理中不可或缺的調味料，以熱水稀釋萃取出的濃縮果汁加入料理中使用。

如果不學南印度料理的話，我也許一輩子都不會知道羅望子這種植物。在泰式料理中也會使用，但在南印度料理中它的地位尤其重要。把羅望子的塊狀汁液融入熱水裡，待慢慢變軟後加以攪拌稀釋，再用這個果汁加入咖哩中。在這個瞬間，豐富的味道和適當的酸味進入咖哩醬料中，成為能包容所有食材的狀態。尤其適合搭配蔬菜湯和海鮮類咖哩。

雖然羅望子是不容易取得的食材之一，但可利用網路購物等形式買到。若要以常見食材代替的話，可以將日式醃梅的果肉剝下切碎使用。只是要注意容易過酸，而且怎樣也無法產生羅望子特有的風味。在南印度或斯里蘭卡，有與羅望子在香料咖哩中相似使用方式的 kokum，但這個食材在日本更難找到。不管是哪個食材，用這種方式增添一些香料咖哩的獨特風味，正是其魅力。

Mix Spice

綜合香料

指混合多種香料的綜合香料產品。
像葛拉姆馬薩拉這種混合多種香料於其中者，
在印度即稱為馬薩拉 (masala)。
咖哩粉也屬綜合香料，
待其熟成後即產生迷人的香氣，
也適合用在醃漬料理上。

葛拉姆馬薩拉 Garam masala

主要使用香料

綠荳蔻、丁香、肉桂、月桂葉、黑胡椒、豆蔻核仁、孜然、黑豆蔻等

特　　徵

將 7 至 8 種左右的香料乾炒，然後磨粉混合而成。Garam 有「熱」的意思，Masala 指混合物的意義。雖然有人將其解釋成辣味的綜合香料，但其中具有辣度的原料只有黑胡椒。所以在一般情形下調製的葛拉姆馬薩拉，並不會有明顯的辣度。

在咖哩的世界中，應該再也沒有像葛拉姆馬薩拉般風靡世界的香料了！因為不識單方香料，而是用複數種類的香料混合而成，多元繁複的香氣是其特徵。在咖哩要起鍋前，加一點葛拉姆馬薩拉，馬上就可變身為正統印度咖哩，宛如是個魔法香料粉。而且，每個印度家庭對葛拉

姆馬薩拉的調配，都有自己獨特的配方，所以有無數種葛拉姆馬薩拉的存在。

雖然它的香氣迷人，但我卻不太喜歡常用葛拉姆馬薩拉。因為我認為應該要配合想做的咖哩和使用的食材，個別組合調製香料，才是香料有效的使用方式。如果不論什麼食材都加進葛拉姆馬薩拉，那料理的風味便會顯得單調。就像用醬油加進所有的日本料理中一樣，葛拉姆馬薩拉的那種強烈香氣便讓我產生這種感覺。

常有人問我葛拉姆馬薩拉和咖哩粉的不同，像「可以用葛拉姆馬薩拉來代替咖哩粉製作咖哩嗎？」但只要知道咖哩粉中不可缺少的香料有薑黃、紅辣椒、芫荽等，那兩者的差異便十分明顯。我在印度沒有看過葛拉姆馬薩拉裡面有加進薑黃和紅辣椒的。葛拉姆馬薩拉不可能成為香料咖哩風味的主軸，不管什麼地方都是將其定位為調味的有力幫手。

①
印度奶茶馬薩拉
Chai masala
②
扁豆燉蔬菜馬薩拉
Sambar masala
③
蔬果沙拉馬薩拉
Chat masala
④
燉飯馬薩拉
Biryani masala
⑤
坦都里燒烤馬薩拉
Tandoori masala

① 印度奶茶馬薩拉

主要使用香料

CTC 阿薩姆茶葉或藍山紅茶 (Nilgiri tea)、綠荳蔻、丁香、肉桂、薑

特　　徵

是煮印度奶茶的綜合香料，也常見到茶葉一起混入其中。所謂的 CTC 是製茶方法的一種，指茶葉經過輾壓、切碎、揉捲者。

② 扁豆燉蔬菜馬薩拉

主要使用香料

芫荽、薑黃、孜然、紅辣椒、葫蘆巴、芥末籽、黑胡椒、肉豆蔻皮、印度阿魏、米等

特　　徵

製作代表南印度的蔬菜豆類咖哩 Sambar 時，所使用的簡易綜合香料。在料理前香料原形用油熱炒後磨碎，再加以混合後香氣便強烈而明顯。

③ 蔬果沙拉馬薩拉

主要使用香料

黑鹽 (black salt)、芒果乾、孜然、黑胡椒、薄荷葉、紅辣椒、肉豆蔻、印度阿魏、番石榴籽、芫荽等

特　　徵

以芒果酸味、黑鹽的鹹味及硫磺味為特色的綜合香料。多在坦都里料理完成前灑上作為提味之用。也有拌入水果或生菜中食用。

④ 燉飯馬薩拉

主要使用香料

肉桂、黑胡椒、綠荳蔻、紅辣椒、丁香、葛縷子、肉豆蔻皮等

特　　徵

雖然不是主要的使用香料，但是種做印度式燉飯 biryani 時會用到簡單綜合香料。

⑤ 坦都里燒烤馬薩拉

主要使用香料

芫荽、紅辣椒、孜然、薑黃、葫蘆巴、鹽、黑胡椒、綠荳蔻、丁香、肉桂等

特　　徵

在使用印度式泥窯坦都里 (Tandoor) 作燒烤料理時所使用的綜合香料。會加入優格之中醃漬肉類，因為與咖哩粉配方相似，用來做咖哩也很方便。

孟加拉五香
Panch phoron

主要使用香料

芥末籽、葫蘆巴、孜然、茴香、茴香花

特　　徵

為代表孟加拉地區（指印度東邊到孟加拉地區一帶）的綜合香料。適合搭配豆類、蔬菜和淡水魚類的咖哩。基本上是以原形香料的狀態加以混合，所以通常都會先用熱油炒過提出香氣。

雖然從許久以前就知道這種香料的存在，但實際上卻不太清楚要怎麼使用。在製作香料咖哩的前段作業時，試著先用熱油爆出香氣。結果到現在還記得產生了一股未曾體驗過的氣味和苦味，感覺欠佳。自此以來，就有點刻意避開使用孟加拉五香。不過，在拜訪印度加爾各答到各式各樣的餐廳享受美食時，便有好幾次遇到使用孟加拉五香作的料理，而且不可思議的是還很美味。回日本後再次使用孟加拉五香試作料理，也挺好吃。

孟加拉五香的組合中，有同時具有甘甜和苦味的葫蘆巴、帶有強烈特殊香氣的茴香花、帶有香氣和些許辛辣的芥末，以及氣味清新的茴香等。仔細想了一下，這些香料的搭配組合十分得當。印象中孟加拉五香最適合與海鮮類咖哩一起烹調，但也與雞肉咖哩十分對味，是非常優秀的綜合香料。

在製作香料咖哩時，我不常使用市售的現成咖哩粉，因為依照自我喜好調配的咖哩粉還是比較美味。用一般的咖哩粉在平底鍋上翻炒，就可以成為焙煎咖哩粉。氣味芳香，用過便會上癮。

① 咖哩粉

主要使用香料

薑黃、紅辣椒、孜然、芫荽、葫蘆巴、黑胡椒、綠荳蔻、丁香、肉桂、茴香等

特　　徵

為綜合香料。先炒製原形香料，再加以磨碎、混合、熟成。日本產的咖哩粉使用了 20 至 30 種香料組合而成，但印度產的咖哩粉約只使用了 10 種左右。調配此種香料時，比例的拿捏非常重要，並不是種類越多就越好。

② 焙煎咖哩粉

主要使用香料

與咖哩粉相同

特　　徵

主要為製作斯里蘭卡咖哩時使用。因為會一直翻炒至產生焦味前，所以顏色很濃，且帶有濃郁香氣。有像深烘焙咖啡豆般的味道。

法式香草束
Bouquet garni

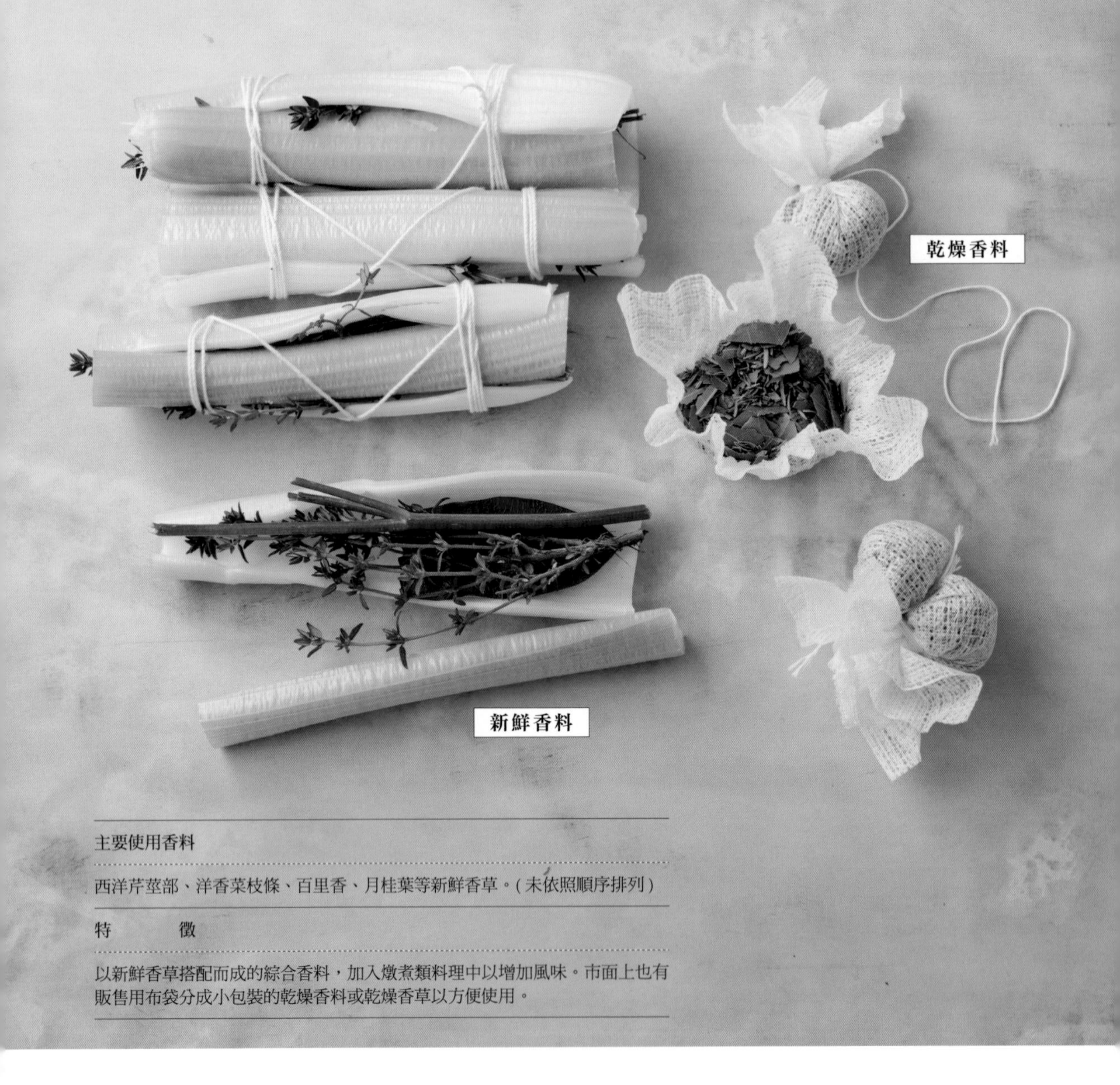

主要使用香料

西洋芹莖部、洋香菜枝條、百里香、月桂葉等新鮮香草。(未依照順序排列)

特　　徵

以新鮮香草搭配而成的綜合香料，加入燉煮類料理中以增加風味。市面上也有販售用布袋分成小包裝的乾燥香料或乾燥香草以方便使用。

如果可以取得新鮮的香辛料蔬菜，自己動手作的法式香草束最為美味。我喜歡用西洋芹的莖部包裹著洋香菜的枝條、百里香和月桂葉，再用棉繩綁起固定的法式香草束，如果有龍蒿 (Estragon) 的話也想一起放進去。在燉煮料理時使用，可去除腥味，並提升整體料理的香氣。法式香草束並沒有固定的配方，只要將香草類混合搭配，大概都可以達到類似的效果。

舉例來說，以「黑胡椒、芹菜籽、丁香、多香果、百里香、月桂葉、葛縷子」這些乾燥香料為主的香草束，或是用「月桂葉、奧勒岡、迷迭香、多香果、香薄荷 (savory)、百里香、洋香菜、茴香」等乾燥香草為主的香草束，搭配方法十分多元。另外，也有依照料理對象，像是要燉肉或煮魚等使用食材的不同，來區分搭配香料種類的品牌。如果在自己家中可以存放一些這種香料，那生活便會過得更精彩。市面上販售的相關產品，也非常便於使用。

砂糖
Sugar

在煮香料咖哩時放糖，老實說，我覺得這樣有些狡猾。據說人類能最先感受到的味覺便是甜味，藉由甜味的感受，對其他的味道，像辣味、苦味、酸味和鮮味，都會變得更加敏感。偶爾在電視上或者是其他媒體看到咖哩的試吃心得上寫著以下這樣的形容：「吃進第一口時只覺得香甜，之後卻漸漸湧上一陣陣的辛辣，實在是不可思議！」但這並不是不可思議的事。人類的味覺對所有的料理都會最先感受到甜味，之後才會對其他味道有所反應。在最正統美味的香料咖哩中，並非直接加入甜味，而是藉由烹煮食材而產生鮮甜的味道。但即使如此也想添加些黑糖或蜂蜜，是因為想省點時間和為咖哩增加獨特風味的緣故。可以讓香料咖哩更加美味的不只有砂糖，水果、或是果乾等帶有甜味的食材都可以達到這個效果。雖然這個方法有些偷懶，但可靈活運用。

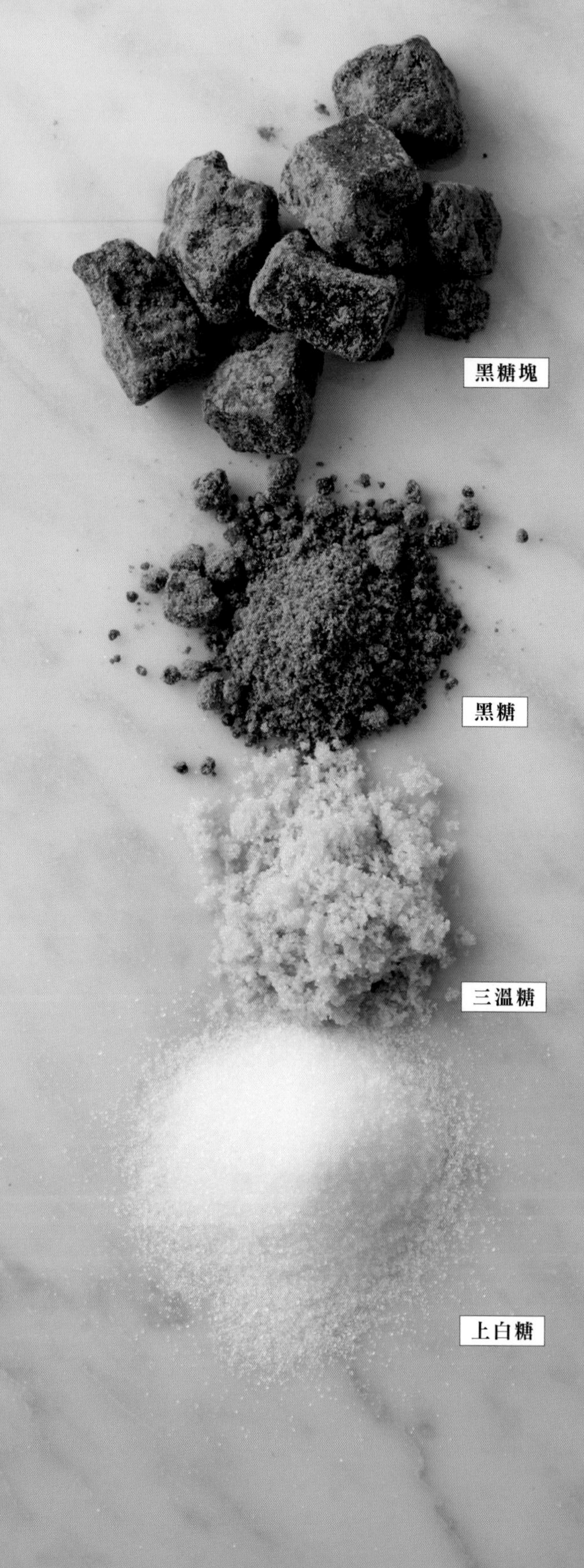

特徵	甘蔗和甜菜是砂糖的主要原料。以甘蔗來說，將其莖部剁碎榨汁，去除雜質後熬煮至結晶化。依照不同的加工法，可分成許多不同種類的糖。 • 黑砂糖：也稱為黑糖。由甘蔗榨汁熬煮而成，有強烈的香氣，可以直接食用。 • 三溫糖：黃褐色砂糖。由上白糖萃取出糖液後加以熬煮至結晶化。香味、甜味及純度較高為其特徵。 • 上白糖：在日本最常使用的糖。因結晶很細，有溫潤、沉穩的甜味。 • 細砂糖：結晶比上白糖來的大，是高純度的砂糖。可以使用在甜點、飲料和料理等任何食品上。 • 糖粉：將細砂糖磨碎至細粉狀而成。 • 和三盆糖：以江戶時代的傳統作法所製成的糖。顆粒非常細緻，入口即化。

鹽 Salt

特徵	鹽的來源主要可分為由海水提煉、採掘鹽礦、或是由湖水提煉而來。岩鹽主要取自封閉於地層內的海水鹽份結晶，其主要成分即為海水。日本幾乎無法挖出岩鹽。另外因為多雨，要採行在鹽田以日曬法使海水蒸發的製法也很困難。因此，稱為再製鹽的食用鹽最為普遍。再製鹽是以海水熬煮，或將日晒鹽、岩鹽溶於海水中再次熬煮提煉而成。因為在製造過程中會去除雜質，所以成品純度很高，適合食用。

我認為鹽可以說是掌握香料咖哩所有關鍵的重要角色。「重要」這個形容詞都不足以完全表達其舉足輕重的地位。鹽的種類非常多，大致說來，可分為海鹽和岩鹽。當然，兩者的風味不同。保留有些許海水味道的海鹽，和擁有強烈風味的岩鹽，兩者各有特色。我個人在料理肉類和蔬菜咖哩時會用岩鹽，海鮮類咖哩時會使用海鹽。因為我覺得使用在該食材

相近地點取得的鹽類，兩者可以發揮出最佳的效果。雖這麼說，岩鹽其實也是來在於海鹽。在香料咖哩中，哪一種鹽類適合搭配哪一種咖哩，是非常重要的話題，個人認為這方面還有待研究。

稱為喜馬拉雅岩鹽的黑鹽，應該是製作香料咖哩時最珍貴的鹽。因為將那種略帶特殊風味的鹽加進咖哩中，能增加咖哩味道的層次，更添美味，十分不可思議。在尋找適合搭配咖哩的鹽時，鹽的種類和使用份量十分重要。在本書的食譜中，基本上四人份量的咖哩會加 1 小匙左右的鹽。不過，這裡所謂的「1 小匙」也不過是個大概。因為每一種鹽的濃度都不同，而且各種鹽類的結晶顆粒粗細不一，用 1 小匙來計算份量時，也會出現差異。也正因如此，在加鹽之前一定要先嘗嘗味道。比較每一種鹽的味道也是一項樂趣。如果能瞭解各種鹽類的使用特徵，就是個料理高手。

岩鹽塊

小專欄 1

新手的料理教室

「咖哩栽培室」篇

會產生用紅茶煮雞肉咖哩的想法，是當我去印度的時候。前往大吉嶺採茶，腦中浮現了用香氣如此優雅的紅茶來做咖哩，一定更加美味的想法。因為在東京都內有一間台灣茶的餐廳推出一款咖哩就是如此，所以我知道可以用茶葉來燉煮咖哩。

於是我跟印度人家借了廚房，開始試作看看。其實也沒有什麼困難的步驟，就是炒一炒洋蔥和番茄，再用香料拌炒均勻後，加入雞肉。之後以紅茶代替水加入拌炒的食材中熬煮30分鐘，便成了一道味道令人難忘、可以深深體驗到豐富美味層次的紅茶雞肉咖哩。雖然這無法稱為是印度料理，很明顯的是日本人喜愛的味道，和米飯十分相襯。

我一邊吃著與眾不同的「紅茶咖哩」，一邊思考著：這樣說來，所謂的香料，就是利用所有植物的某個部位經過加工後的產物。摘下茶葉後將其乾燥，經過半發酵的過程再以熱水泡開，其實茶葉也屬廣義中的一種香料。那這麼說來，咖啡和香菸也是同樣道理。原本即是從某種植物製成，依照採收部位和加工方法的不同而有差異。我們在享用咖哩後，品嘗咖啡，再於餐後抽一口菸，真是有趣。

在回日本一段時間後，一間朋友開的花店邀請我「要不要利用辦活動的空間來舉辦料理教室」？在花店舉辦料理教室，一定都要與花有關，我這樣想著。對植物每個部位都深具敏稅度的我，在腦海中立刻浮現了想作的企劃案，那就是咖哩栽培室。把那滿室綠色和白色花草的花店，看成是栽植咖哩香料的地方，來舉辦料理教室，這不正是個很好的提案嗎？

一邊示範料理，一邊講解相關知識。當然，每一次的內容都是以香料咖哩為主，但每一次的主題不同，像第一次是「使用種子類型的香料咖哩」、第二次是「根部的香料咖哩」、第三次是「使用葉片類型的香料咖哩」、第4次是「果實類型的香料咖哩」……，依照這樣的順序進行。我腦海中也浮現了數種咖哩常用的香料，並想像著成品的樣子。覺得這幾個主題應該都可以完成各具特色的咖哩，也可以帶給參加料理教室的人新鮮的嘗試和刺激。

經過一番思考後，我突然想到了一件有趣的事。舉例來說，如果要向初學者示範一道正統的咖哩，我會用簡單的食材來製作雞肉咖哩。如果試著用這些食材與植物的各個部份互相對照，大致上是以下的這種感覺。加熱紅花籽油(種子)炒製孜然籽(種子)；之後再炒洋蔥(球根)、大蒜(球根)和薑(球根)；接著炒番茄(果實)，再加進粉狀香料的薑黃(球根)、紅辣椒(果實)、芫荽(種子)和鹽。最後再加入水煮滾，放入雞肉和香菜(葉子、莖部、根部)拌勻。

在這個食譜中，令人驚訝的是幾乎植物的所有部位都參與其中。在做了這道咖哩後，如果再加上煮了番紅花飯(花蕊)，搭配餐後以綠荳蔻(果實)、丁香(花蕊)、肉桂(樹皮)、煮成的紅茶(葉片)，就可以說是一網打盡了植物所有的部位。而且屬於植物以外的食材只有雞肉、水和鹽。這樣一想，便可以瞭解到香料咖哩是種多麼濃縮精華於一身且對身體有益的料理。這真是一項了不起的發現，我自己像要在研究學者齊聚一堂的學會中發表論文般的興奮。

就這樣子，第一回的料理教室「咖哩栽培室」就開始了！每次限定 30 人參加，但每一次都出現好幾位候補，人氣超旺。用種子做的雞肉咖哩、用根部做的羊肉咖哩、用葉子做的菠菜咖哩、用果實做的魚肉咖哩、用豆子做的豆類咖哩等，我成功地「栽培」出各式各樣的咖哩。最後一次的豆類咖哩主題，原本擔心學員們會覺得這是濫竽充數的內容，但在介紹以使用香料的方式烹煮印度黑豆和鷹嘴豆後，所有學員都覺得非常有收穫。

在一般的情況下，香料都是像商品般陳列在超市貨架上，或者是在網路上販售，很難給人「香料也是來自植物」的印象。我認為在「咖哩栽培室」的課程裡，不正好可以透過香料咖哩的製作，重新讓學員再次接觸這項理所當然的概念？從戶外摘採花草樹木的一個部位，再用其他方式處理的結果，便會成為一道美味的咖哩，這不是一件很美好的事嗎？

第2章

香料咖哩食譜

要作出美味的香料咖哩，
絕對不可缺少淺顯易懂的食譜。
只要有了食譜，不管是肉類咖哩、
蔬菜咖哩、海鮮咖哩或是印度咖哩、
泰式咖哩、歐風咖哩，
都可以自己動手完成。

給想要瞭解香料咖哩的你

只用香料製作

只使用香料，就可以作出香料咖哩。
不用市售的咖哩塊、咖哩粉或咖哩醬。
這樣也可以作出咖哩嗎？當然可以。

不使用調味料也 OK

在香料咖哩中使用的材料非常單純。
除了香料以外，就是油脂、水和鹽，然後就是肉類和蔬菜等食材。
不依賴調味料也可以十分好吃。

方法簡單且風味道地

烹煮香料咖哩的步驟非常簡單。
只要在炒鍋內遵守一定的規則，加入食材和香料即可。
之後再加以翻炒即可完成。實際動手做做看便可以瞭解。

可帶出食材本身的美味

香料咖哩是一種可以讓人重新發現一般食材不為人知美味的咖哩。
因為香料的香氣和辣味可以提煉出隱藏於食材深處的風味。

種類豐富多樣

香料咖哩不論在味道、外表或口感上都有多樣的變化。
有豐富的組合搭配方式。
因為根據想烹煮咖哩的種類不同，可以使用不同種類的香料。

有益於健康且吃不膩

香料咖哩是有益於身體，且吃再多次也不會膩的咖哩。
因為可以攝取各種各樣據說有療效的香料。

基本的三種香料
常用廚具
常用食材
簡單又道地的香料咖哩！

常用廚具

平底鍋

可以單手掌握的平底鍋便於翻炒。鍋子本身較厚且經不沾鍋處理表面者，較不會燒焦，有一點深度的平底鍋，也較適合燉煮。建議大家購買可以當燉煮鍋使用，或者是有點深度的鍋子。在本書的食譜中，都是使用此類的平底鍋。

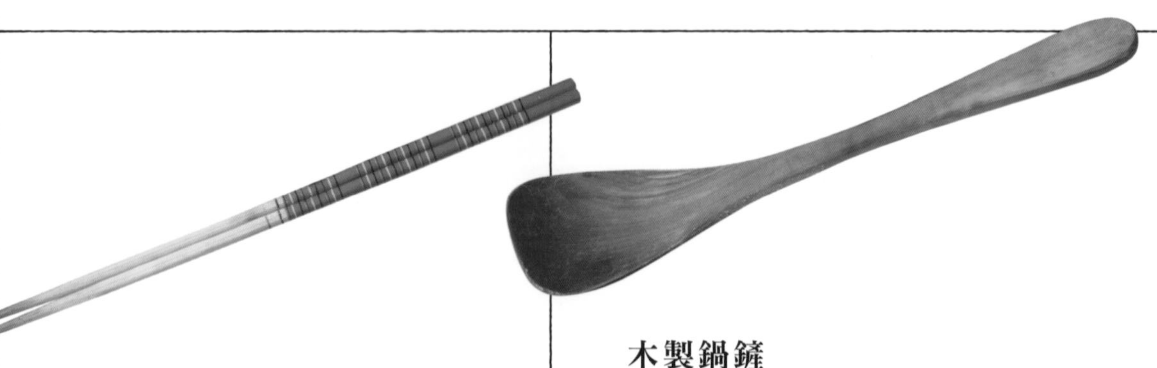

料理用長筷

與一般家庭中使用的相同，在製作香料配菜時很方便。準備一雙自己慣於使用的料理用長筷即可。

木製鍋鏟

不管在翻炒食材或是燉煮料理時，可以完全接觸平底鍋內側的木製鍋鏟是最重要的工具，請一定要準備。把手較厚的比較好握，也不容易累。鍋鏟前端有圓弧角度的設計者適合拌炒。

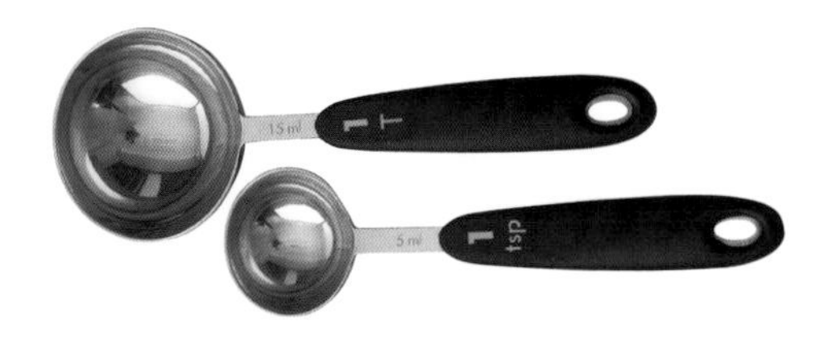

量匙

在計算油脂和香料的份量時需要使用量匙。因為需要計算粉狀和顆粒狀的份量，有點深度的量匙會較適合。小匙可用茶匙 (tea spoon) 代替，而大匙可用大湯匙 (table spoon) 代替。

量杯

在計算水分或椰奶等液體份量時需要量杯。如果上手時，也可以用目測法，但在初學者時，還是建議使用量杯。

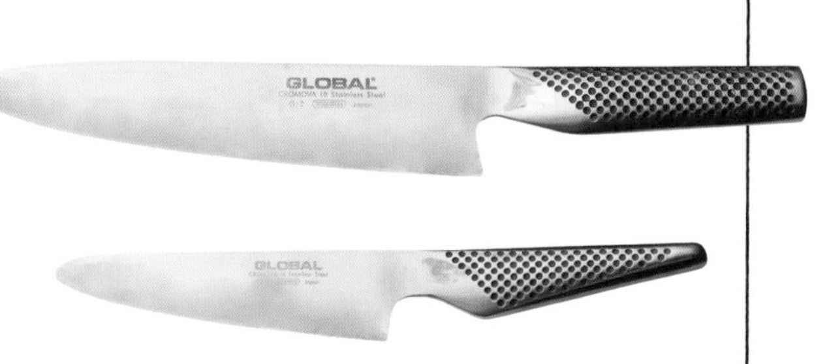

菜刀

雖然只要準備一把就夠用，但在切菜時可用小型菜刀，切魚或肉類時，可使用大菜刀比較方便。

砧板

不管哪一種材質製成的都可以。如果是圓形砧板，切過的食材不需移到備料碗中，只要轉動砧板，就可以在有空位的地方處理別的食材，十分方便。

備料碗

可準備大小不同的備料碗以便於使用。可以放切好的食材，或是在為肉類調味或醃漬時都可使用。如果有可瀝出水分的篩網更加便利。

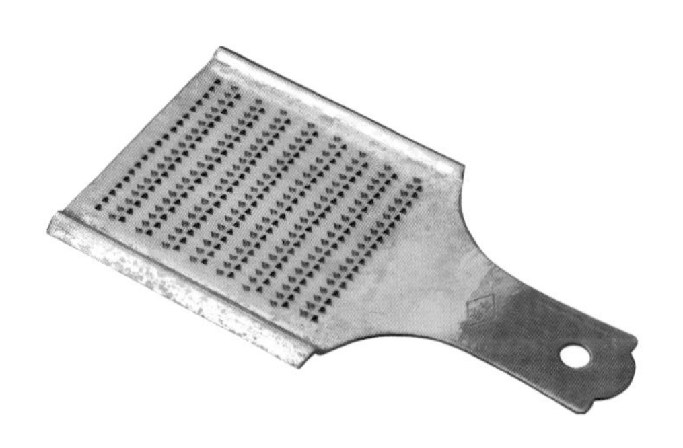

磨泥器

磨大蒜泥、薑泥時使用。有雙面都可使用的磨泥器，也有一面刀刃較細可以磨大蒜，一面刀刃較粗可以磨薑的產品。

香料雞肉咖哩
基礎篇

材料 3-4 人分

沙拉油……3 大匙
洋蔥（切碎）……1 個（200 克）
大蒜（磨泥）……2 小匙（20 克）
薑（磨泥）……2 小匙（20 克）
番茄罐頭……200 克
● 3 種基本香料
　薑黃……1 小匙
　卡宴辣椒……1 小匙
　芫荽……2 大匙
鹽……1 小匙
熱水……400 毫升
雞腿肉（切成約一口可食的大小）……600 克

只要三種香料就可以作咖哩。
你覺得這是騙人的嗎？不，這是真的。
在此會詳細說明所有步驟，
請相信這份食譜並試著挑戰。

本書使用方法

- 1 大匙是 15 毫升、1 小匙是 5 毫升、1 杯是 200 毫升。
- 食材的使用份量會在每份食譜中註明。
- 平底鍋請使用鍋體較厚且有深度的產品，建議使用不沾鍋加工的鍋子。本書都使用直徑 24 公分的平底鍋。因為鍋子的大小和材質會影響導熱和水分蒸發的方式。
- 使用天然鹽。如果用粗鹽的話，即使先磨碎再用量匙抓份量，鹽份濃度也很可能會不足。如果有這種情形，請在起鍋前酌量調味。
- 關於火候大小的標準，大火是「鍋底能充分感受到強烈熱度」、中火是「鍋底能感受到適當熱度」、小火則是「鍋底有最少量的熱度」。
- 鍋蓋則需使用與平底鍋大小相合的蓋子，盡可能使用能密閉的鍋蓋。
- 書中成品照為 1-2 人份的擺盤。

切

切食材的方式會影響到食材煮熟的時間。
在每道食譜中都會出現的洋蔥、
大蒜和薑，它們的切法尤其重要。

① 切洋蔥

洋蔥切成寬約 5mm，
不要切太細碎以免影響甜味的釋放。

② 切大蒜、薑

將大蒜磨泥。
盡量使用磨泥器大小較細的那一面。

把薑磨成泥。
盡量使用磨泥器大小較粗的那一面。

先加入 50-60 毫升的水。
先把薑蒜泥溶在水裡，在翻炒時較不易結塊。

③ 切雞肉

把雞肉切成一口可食的大小。
能先確認下刀的方向，切斷雞肉的纖維則更好。

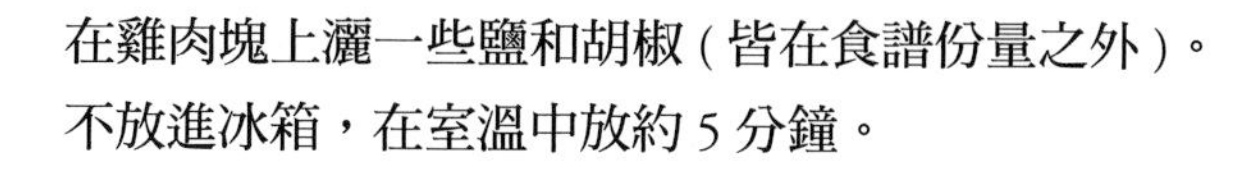

在雞肉塊上灑一些鹽和胡椒 (皆在食譜份量之外)。
不放進冰箱，在室溫中放約 5 分鐘。

炒

在炒食材時最重要的是去除水分。
重點只有這一個。請一邊想著
「去除水分、去除水分、去除水分⋯⋯」一邊翻炒。

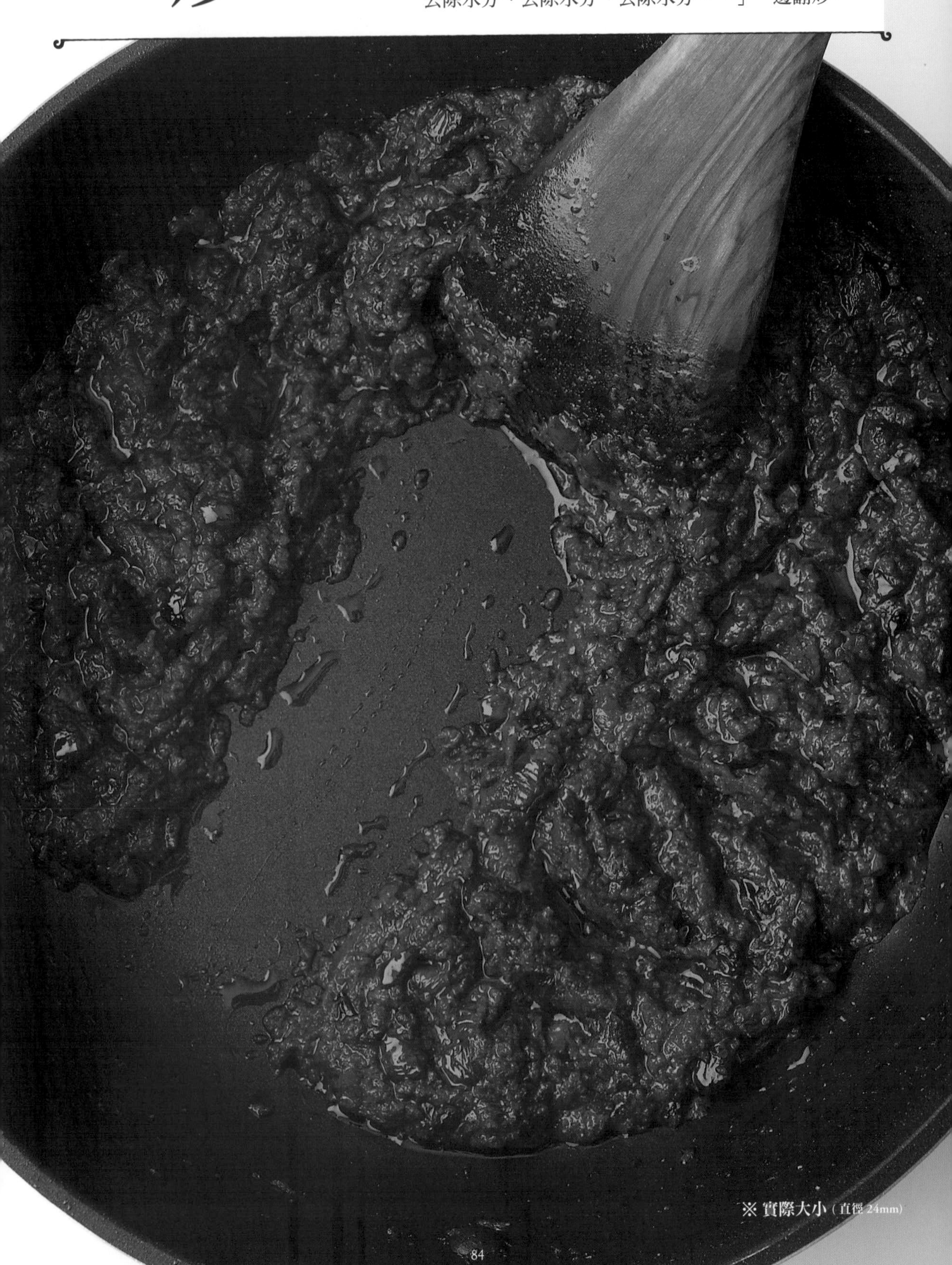

※ 實際大小（直徑 24mm）

將沙拉油倒進鍋中開中火，加熱 10-15 秒左右，到沙拉油溫熱為止。

火候：

加進洋蔥後，大致均勻翻炒。直到洋蔥表面都沾了油透出光澤後，用木製鍋鏟將洋蔥均勻散布在鍋中。

火候：

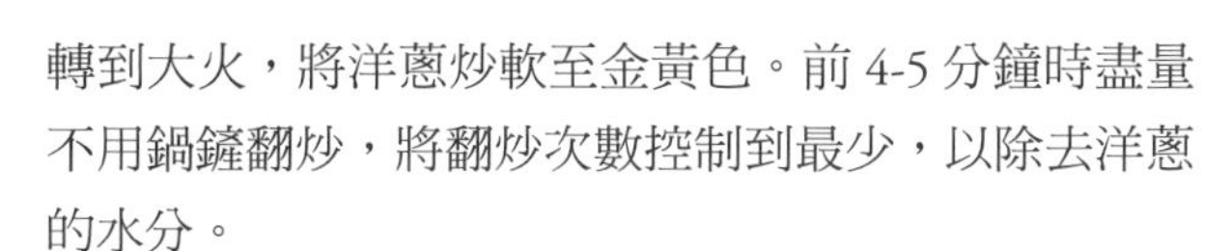

轉到大火，將洋蔥炒軟至金黃色。前 4-5 分鐘時盡量不用鍋鏟翻炒，將翻炒次數控制到最少，以除去洋蔥的水分。

火候：

均勻拌炒洋蔥，一邊想著要去除洋蔥的水分，炒約 3-4 分鐘。洋蔥末邊緣容易燒焦，要小心。

火候：

等到洋蔥表面焦黃，稍微將火轉小，再用鍋鏟快速翻炒。

火候：

調整成中火，再確實翻炒洋蔥至深褐色。直到洋蔥末邊緣開始變得焦黑為止。即使炒到這種程度，也還不至於燒焦，毋須擔心。

火候：

⑤ 炒蒜泥和薑泥

加入事先用水調好的薑蒜泥。為了不讓洋蔥燒焦，要迅速倒入。

火候：

晃動平底鍋，用木製鍋鏟將薑蒜泥與洋蔥拌勻。

火候：

放 20-30 秒左右。待冒出水蒸氣，去除一定程度的水分之後，再使用鍋鏟炒約 1-2 分鐘。

火候：

等到大蒜和薑的臭味散去，醬料表面呈現油亮色澤時就可以停止拌炒。

火候：

⑥ 炒番茄

加入番茄罐頭。

火候：

稍微加強火候，用鍋鏟將番茄罐頭中的塊狀番茄壓碎後繼續拌炒。

火候：

在水份完全收乾前繼續拌炒約 3-4 分鐘。

火候：

一直炒到醬料表面出現油亮色澤並呈現黏稠狀，且試著用鍋鏟將醬料移到一旁，醬料也不會流回原處時為止。

火候：

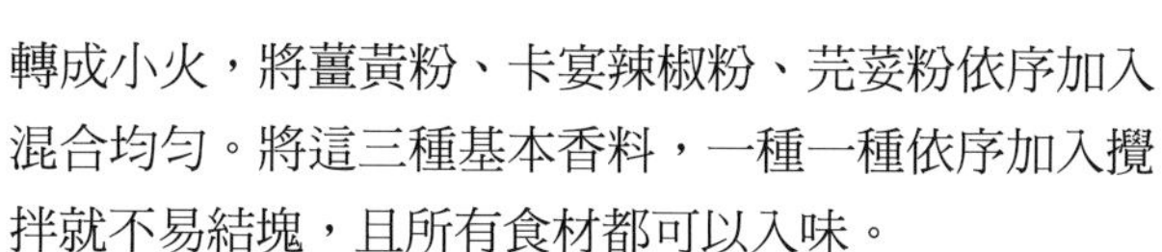

轉成小火，將薑黃粉、卡宴辣椒粉、芫荽粉依序加入混合均勻。將這三種基本香料，一種一種依序加入攪拌就不易結塊，且所有食材都可以入味。

火候：

再加入鹽。在這個時間點加鹽，可以帶出香料的香氣和辣度。因為在起鍋前會再調味，所以先加少許的鹽量即可。

火候：

咖哩基底製作秘訣

用大火充分拌炒至水分蒸發，可濃縮洋蔥的香味、大蒜和薑的甜味以及番茄的鮮甜。在加入三種基本香料，可增添香氣和辣度，黏稠的香料咖哩基底便大功告成。

燉煮

燉煮是咖哩在完成前的重要步驟。
關鍵在於燉煮至醬汁表面呈現沸騰的狀態。
煮得越濃稠，味道越佳。

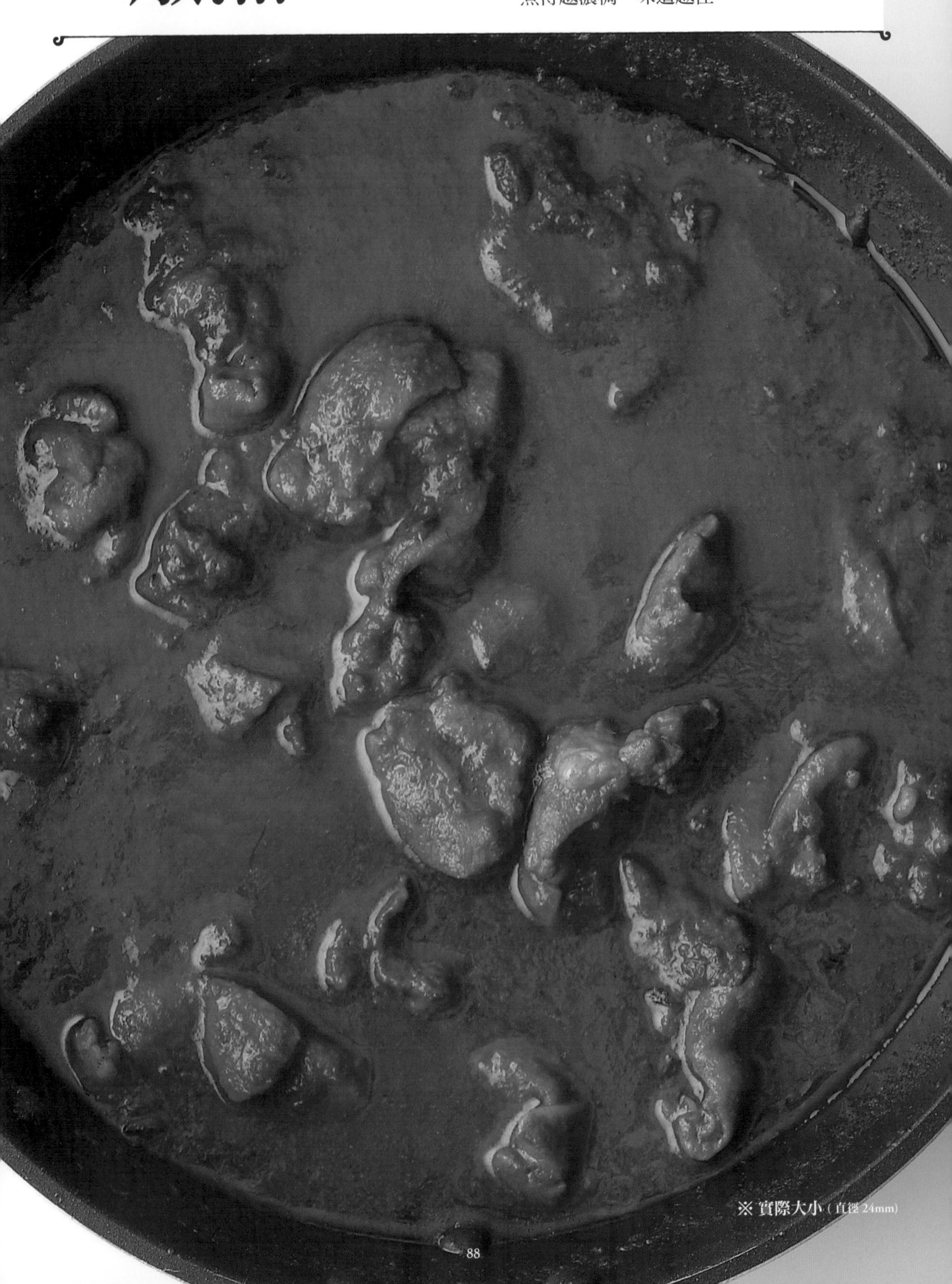

※ 實際大小（直徑 24mm）

⑧ 加入熱水燉煮

加入熱水，開大火燉煮。在加水時，可以分兩次，一次先倒一半進去，再視狀況一邊煮一邊加水。

火候：

⑨ 加進雞肉燉煮

加入雞肉，與醬料拌勻後繼續燉煮。

火候：

將火調小至中火，鍋內醬料一邊維持著沸騰的狀態，一邊再煮 30 分鐘。為了避免鍋底燒焦，要時常用鍋鏟攪拌。

火候：

必要的話再加點鹽調味。

火候：

完成

一直燉煮到醬料濃稠的狀態即可。如果醬料太黏稠可加些水，發現水分太多可以再煮久一點，視實際情況調整。

為了要作出
美味的咖哩

食譜中沒有寫的5項重點精華

「要怎麼樣才能作出美味的咖哩呢？」曾經有人問我這個直接的問題，我一時語塞。最好的方法是在眼前示範作法，其次是翻閱食譜，大概是這樣吧！但其實最重要的關鍵，並沒有寫在食譜裡。這並不是要隱瞞作法，而是即使想寫也不知道要怎麼表達。

例如，食譜中寫著「加入洋蔥，以中火將洋蔥炒軟至金黃色，大約10分鐘左右」。如果有10個人照著這個方法炒洋蔥，就會有10種味道和香氣都不同的炒洋蔥呈現在面前。為什麼呢？因為鍋子的材質不一，鍋子厚度和鍋底大小不同，同樣用中火烹煮，但火力不同。即使上述條件都整合為一，但如果中間有10分鐘的時間，鍋鏟的翻炒方式不同，成品的味道也會不一樣。因為這些都無法用文字來表達。

我至今寫了數十本的食譜，常常為了這件事而感到頭痛。不只有咖哩，目前尚未見到能完全解決這項問題的書。明明這些是作出美味料理的關鍵事項，但居然無法表現在食譜中，實在感到非常懊悔。因此，要另外用一篇與食譜不同的文章，來完整的說明製作美味咖哩的5大關鍵 (未依照順序) 如果能學到這些精髓，應該就會與從前的自己，或者是比其他某人來的更加厲害。

1. 鹽份的調整 ⋯⋯ 鹽份決定咖哩的味道
2. 水量的調整 ⋯⋯ 去除水分可產生美味
3. 火候的調整 ⋯⋯ 火候大小左右咖哩味道的層次
4. 油量的調整 ⋯⋯ 用油來調整適當的熱度
5. 作法的調整 ⋯⋯ 用眼耳鼻仔細觀察、辨別氣味和聲音

1
鹽份的調整

鹽份決定咖哩的味道

說「鹽份掌握了咖哩完成的所有關鍵」一點也不為過。不僅是洋蔥的味道，也可以帶出香料的香氣和辣度。在煎牛排之前撒鹽，也是想要達到同樣的效果。因此，理想的用鹽方式是要加新食材到鍋子裡時，都要加少量的鹽。適當的鹹味可以一口氣大幅提升咖哩的美味。鹽份不足的咖哩，會讓咖哩變得索然無味。

但有一點一定要注意。鹽加下去之後就無法收回。所以，對食譜上記載的鹽份使用量不要照單全收，先加 8 成左右的鹽，再視料理的實際狀況作調整。在起鍋前嘗一下味道，如果味道不足，再酌量添加。一定要留一點空間作味道的最後調整。

例

「以中火炒約 10 分鐘左右的洋蔥」時的鹽份調整

建議在炒洋蔥時，要加少許的鹽。就算只有兩小撮也無所謂。因為鹽有滲透壓的效果，可以幫助洋蔥去除水分。結果就會加快加熱的速度，如此一來，就可以突出洋蔥的鮮甜。

2
水量的調整

去除水份可產生美味

去除水份的這個步驟，應該是初學者間最容易分出高下的地方。能充分掌握訣竅者，與無法掌握者之間的差別十分明顯。香料咖哩是拌炒後再燉煮而成。在料理前半部分翻炒時，因為會加入新鮮蔬菜，所以要注意必須在每次加入蔬菜時，確實去除該蔬菜中所帶的水份。

在後半部分燉煮食材時，一加水進去，就必須將水煮開。燉煮的時間越長，水份就會越少。就像「煮到水份收乾」這句話一樣，水份揮發後，料理的份量就會減少，相對味道就會濃縮。初學者容易犯的錯誤是加太多水，然後就糊里糊塗的煮了這道咖哩。加水時少量即可，這是不變的規律。不夠的話再隨時添加就好。

例

「以中火炒約 10 分鐘左右的洋蔥」時的水份調整

要拌炒洋蔥最大的原因在於需要去除其中的水份，除去生洋蔥的辛辣和酸味，以帶出甘甜。因此，在拌炒時要留意的是去除洋蔥的水含量。洋蔥一旦去除了水份，就會變軟，然後成為軟泥狀。

3
火候的調整

咖哩味道的層次 火候大小左右

優秀印度主廚厲害的地方，即在於能以火候控制咖哩味道的層次。再者，優秀的主廚間常討論的話題便是藉由火力大小來調整溫度。火候大小便是加熱的意思。能明確掌握要用大火的時機，和要調成小火的時機非常重要。

整體上說來，以「用力地拌炒、溫和地燉煮」這種概念製作咖哩非常重要。用大火將香辛料蔬菜及香料原形炒透，在提出食材本身香氣的同時，也會產生焙炒的芳香。在翻炒粉末狀香料時，火候要稍微調小，小心仔細地炒。加水進去後，就要轉大火將它煮滾，水分開始變少到慢慢燉煮時，火候便要調小，讓整體醬料保持沸騰的狀態。這樣依料理時機來作火候控制的變化，可讓咖哩的味道更具層次。

例

「以中火炒約 10 分鐘左右的洋蔥」時的火候調整

食譜上寫著用中火炒洋蔥時，當然火候的使用上要以中火為煮。不過，實際上也不會用中火從頭炒到尾，而是需要依料理的時機作調整。最理想的狀態是剛開始的時候，要用稍強的中火，使洋蔥表面呈現金黃，之後隨著洋蔥逐漸受熱，火候要隨之調小。

用油來調整適當的熱度

4
油量的調整

在印度料理中，會先加入令人心生疑惑且大量的油開始調理，在完成料理時便會將浮在表面的大量油脂撈出丟棄。可能有人會想，如果最後要丟掉的話，那一開始少加點油不就解決了嗎？油脂是幫助食材受熱的工具，在料理的過程中需要使用工具，但卻不需要放入口中食用。講得極端一點，不使用油的話，有些味道便無法產生。

這樣的情形並不只有在作為基底的洋蔥上發生。作為食材的肉類需要油脂來逼出香氣，香料也需要油脂的協助以發揮其威力。有許多種香料需透過熱油來溶出香氣。加上油脂本身也帶有具震撼性的鮮味，是種能讓咖哩更加美味的有利材料。不過油脂類一接觸空氣就易氧化，必須留意。

例

「以中火炒約 10 分鐘左右的洋蔥」時的油量調整

在製作 4 人份的咖哩時，建議一個洋蔥的相對使用油量在 2 大匙多到 3 大匙之間。這是為了達到較理想加熱效果的使用油量。與其說用炒的，不如說用煎的方式來處理洋蔥較為合適。雖這樣說，油量多到變成油炸的方式就太過。因此，要配合實際料理狀況調整合適的油量最為理想。

5
作法的調整

用眼耳鼻仔細觀察、辨別氣味和聲音

鍋子裡面會產生各式各樣的料理資訊。為了要正確掌握這些資訊，一定要不停的翻動鍋鏟。實際用眼、耳、鼻仔細觀察是個關鍵。

料理越拿手的人，越不會直接去碰觸鍋內的料理。因為他們會用眼睛詳細觀察、用鼻子仔細嗅出氣味、用耳朵分辨料理時的聲音，迅速掌握鍋內的各種變化，再針對以上的現象來作因應。不管是在拌炒或是燉煮時，使用鍋鏟翻動料理時的手感，就會透露出料理目前的狀態。是要再多攪拌一下呢？還是現在要停止了呢……然後，料理在什麼樣的狀態下有什麼樣的味道，也必須時常用舌頭去嘗試。雖說實際經驗在料理界中十分重要，但如果能透過五官的細微觀察來製作香料咖哩，便臻於完美。

例

「以中火炒約 10 分鐘左右的洋蔥」時的作法調整

在翻炒洋蔥時，必須詳細觀察洋蔥邊緣及附近熱油的狀態，可以感受到洋蔥加熱後的焦香。在剛放洋蔥入鍋時清脆優雅的聲音，到之後轉而為熱油沸騰的忙碌聲響，需掌握到轉變為燒焦味前的關鍵時刻。不停地用鍋鏟翻動，感受鍋內料理的狀態也十分重要。

基本的雞肉咖哩

用簡單的食材和香料，就可以作出道地的雞肉咖哩。
再加入番茄或優格，便可增加雙重的美味。
應該可以實際體驗到香料帶出食材本身美味的感受。

材料

紅花籽油 3大匙

● 需先下鍋的香料（香料原形）
- 綠荳蔻 6粒
- 丁香 6粒
- 肉桂 1支

洋蔥（切碎） 1個
大蒜（磨泥） 1片
薑（磨泥） 2片
番茄泥 3大匙
無糖原味優格 50克

● 主要香料（粉狀香料）
- 薑黃 1小匙
- 卡宴辣椒 1/2小匙
- 孜然 1小匙
- 芫荽 2小匙

鹽 1小匙
帶骨雞腿肉（切塊） 12支
水 200-250毫升
鮮奶油（非必要） 2大匙

● 提味香料（新鮮香料）
- 香菜（切碎） 1/2杯

作法

1

將油倒進鍋中燒熱，放入需先下鍋的香料，炒到綠荳蔻膨起為止。加熱過久的話，綠荳蔻可能會彈出鍋外，需要注意。

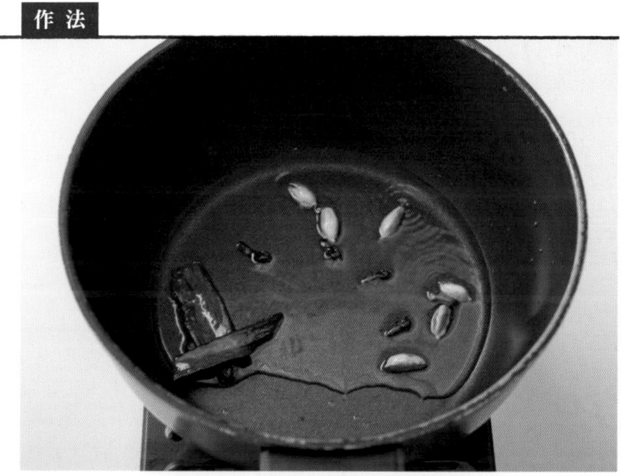

2

加入洋蔥，炒至呈現金黃色，再加入薑、大蒜和100毫升左右的水（於食譜份量之外），一直炒到去除水分和生鮮蔬菜的青草味為止。用大火或稍強的中火來炒為佳。

3

加進番茄泥拌炒後，再倒入優格攪拌均勻。必須確實去除番茄泥的水分，優格只要盡量炒乾即可。

4

將主要香料和鹽加入鍋中。調到小火將所有香料炒勻後，再至少翻炒 1 分鐘至所有香料粉末溶入醬料裡，飄出香氣。

咖哩基底製作秘訣

這是一款最基礎的咖哩基底。請各位將圖片中炒至金黃色的洋蔥末，還有大蒜、薑、香料與油脂結合而成的狀態牢記心中。

5

加入雞肉後炒至肉類表面都均勻裹上醬料。生雞肉的部分皆均勻裹上醬汁，待加熱後肉的粉色部分漸漸變白。雖是用中火來炒，但要注意鍋底避免燒焦。

6

將水加入鍋中，蓋上鍋蓋以小火燉煮 45 分鐘，一定要煮到沸騰為止。之後，將火轉小煮到醬汁表面出現小氣泡的程度。

7

一邊去除水分，一邊燉煮。將鍋蓋打開用中火煮 10 分鐘左右。視實際情況也可以用大火。如果水分不足的話，可以自行加水，調整到自己喜愛的稠度。

8

加進鮮奶油和提味香料拌勻，關火後再加入亦可。將所有醬料攪拌均勻，利用餘熱悶熟。

牛肉咖哩

以深色醬汁的外表和特有口感為特色的牛肉咖哩。
透過確實翻炒去除洋蔥的水分，濃縮其鮮甜，
和加入大量香料粉末一起長時間燉煮，產生出醇厚的美味。

材料

紅花籽油……3 大匙

- 需先下鍋的香料（香料原形）
  - 綠豆蔻……6 粒
  - 丁香……10 粒
  - 肉桂……1 支

洋蔥（切碎）……1 大個

大蒜（磨泥）……2 片

薑（磨泥）……2 片

番茄泥……2 大匙

- 主要香料（粉狀香料）
  - 薑黃……1 小匙
  - 卡宴辣椒……1 小匙
  - 茴香……（非必要）1 小匙
  - 黑胡椒……1 小匙多
  - 芫荽……1 大匙

鹽……1 小匙

牛肉（腿部、肩部、五花等，切成一口可食的大小）……600 克

蜂蜜……2 小匙

水……300-350 毫升

- 提味香料（粉狀香料）
  - 葛拉姆馬薩拉……1 小匙

作法

1

將油倒進鍋中燒熱，放入需先下鍋的香料，炒到綠豆蔻膨起為止。而丁香也會在相同的時間點膨起。綠豆蔻的殼可能會破，但沒有關係。

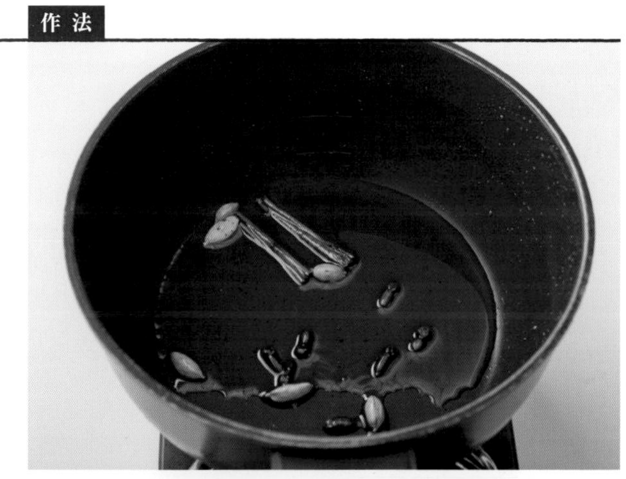

2

加進洋蔥，炒至深褐色。再加入薑、大蒜一直炒到去除水分和生鮮蔬菜的青草味為止。洋蔥先用大火翻炒至金黃，隨著洋蔥的受熱漸漸將中火轉成小火。建議視實際狀況調整火候的大小。

3

加進番茄泥拌炒。因為番茄泥的水分容易蒸發，倒入鍋中均勻拌炒後，醬料就會變成黏稠的泥狀。

4

將主要香料和鹽加入鍋中。調到小火將所有香料炒勻後，再至少翻炒 1 分鐘至所有香料粉末溶入醬料裡，飄出香氣。

咖哩基底製作秘訣

因為確實加熱翻炒，完全去除水分後的醬汁顏色很深。味道濃郁，香氣也很到位。

5

加入牛肉後炒至肉類表面都均勻裹上醬料。盡可能在加入牛肉之前，先灑上一點胡椒鹽(在食譜份量外)，這樣更容易帶出肉質的鮮美。

6

加進水和蜂蜜，蓋上鍋蓋用小火燉煮約 1 小時。一定要煮到醬料沸騰的狀態。之後，將火轉小煮到醬汁表面出現小氣泡的程度。

7

接著打開鍋蓋煮到適當的黏稠度。直到醬汁表面浮出橘色的分離油脂為止，就可以關火。

8

倒入提味香料進鍋中攪拌。稍微灑點葛拉姆馬薩拉，就能提出香氣，因此只要 1/2 小匙以下的量即可。

絞肉豌豆乾咖哩 KEEMA MATTR

含水量少、絞肉粒粒分明的乾式咖哩。
絞肉的油脂和香料非常搭配，因為以蓋上鍋蓋悶煮的方式料理，
絞肉的鮮美和香料的芬芳全部鎖進咖哩中。

材料

紅花籽油	3 大匙
●需先下鍋的香料（香料原形）	
紅辣椒	4 根
中國肉桂（或錫蘭肉桂）	2 片
丁香	6 粒
月桂葉	1 片
黑胡椒（磨成粗粒）	1/2 小匙
洋蔥（切碎）	1 大個
大蒜（磨泥）	1 片
薑（磨泥）	1 片
椰子粉	2 大匙
●主要香料（粉狀香料）	
薑黃	1/2 小匙
卡宴辣椒	1/2 小匙
綠荳蔻	1 小匙
芫荽	1 大匙
鹽	1 小匙
雞腿絞肉	500 克
豌豆（水煮）	100 克

作法

1 將油倒進鍋中燒熱，放入需先下鍋的香料，炒到紅辣椒呈現焦黑為止。雖然擔心是否會釋出苦味，但在起鍋後即使焦黑也不會留下焦臭味，反而會產生焙炒過的香氣。

2 加進洋蔥，拌炒均勻後放入鹽（在食譜份量外），再轉大火將洋蔥邊緣炒至金黃色為止。之後再加入薑、大蒜一直炒到去除水分和生鮮蔬菜的草味為止。

3

倒進椰子粉，轉小火炒到椰子粉釋出香氣為止。隨著拌炒時間的增加，椰子粉的顏色也逐漸變濃，香氣亦轉強烈。需確實加熱翻炒以達到此種效果。

4

將主要香料和鹽加入鍋中，炒至整體都變成泥狀。接著調到小火將所有香料炒勻後，再至少翻炒 1 分鐘至所有香料粉末溶入醬料裡，飄出香氣為止。

咖哩基底製作秘訣

由圖中可清楚見到香料原形。如果還看得到白色的椰子粉，就是翻炒時間不夠。

5

加進絞肉後轉大火，將絞肉的油脂確實逼出與整體醬料拌勻。炒到絞肉全熟為止。需多次翻動鍋鏟，讓醬料整體均勻受熱。

6

將火轉小蓋上鍋蓋，再不時打開鍋蓋確實翻炒整鍋醬料約 20 分鐘左右。不須加水。會從肉類中逼出所含水分進行蒸煮。

7

加入豌豆，蓋上鍋蓋轉小火煮約 5 分鐘。在此道料理中，豌豆不是配料，而是主要食材的一部份，所以大量加入，先在此提出味道。

8

打開鍋蓋用大火煮 1-2 分鐘，使水分蒸發。再用鹽調味。當水分散去，便會留下油脂。理想狀態是油脂均勻分布在絞肉上呈現光澤。

蔬菜咖哩 Korma

以豐富色彩和清爽味道為特徵的蔬菜咖哩。
可以明顯感受到薑黃的存在，與小魚乾熬煮的高湯互相搭配得宜，
萃取出蔬菜本身的甘甜。

材料

紅花籽油 …… 3 大匙

● 需先下鍋的香料（香料原形）
- 葫蘆巴 …… 1/4 小匙
- 茴香 …… 1 小匙

大蒜（切碎）…… 3 瓣

薑（切碎）…… 3 片

青辣椒（薄切成圓片）…… 2 條

洋蔥（切絲）…… 1/2 個

● 主要香料（粉狀香料）
- 薑黃 …… 1 小匙
- 印度阿魏 ……（非必要）2 小撮

原味優格 …… 100 克

◆ 醃漬醬料
- 腰果 …… 1 大匙（15 克）
- 椰子粉（非必要）…… 1/2 杯
- 水 …… 150-200 毫升

鹽 …… 1 小匙

三溫糖 …… 1/2 小匙

小魚乾 …… 5 克

紅蘿蔔（切成 1.5 公分塊狀）…… 2 根

茄子（切成 2 公分大小的塊狀，用油炸過）…… 3 根

四季豆（切成 3 公分長）…… 10 根

鮮奶油 …… 100 毫升

● 提味香料（香料原形）
- 乾燥的葫蘆巴葉 …… 1 大匙

作法

1

將油倒進鍋中燒熱，放入需先下鍋的香料拌炒。先加葫蘆巴炒到呈現深褐色，再加茴香，會更容易帶出香料的香氣。

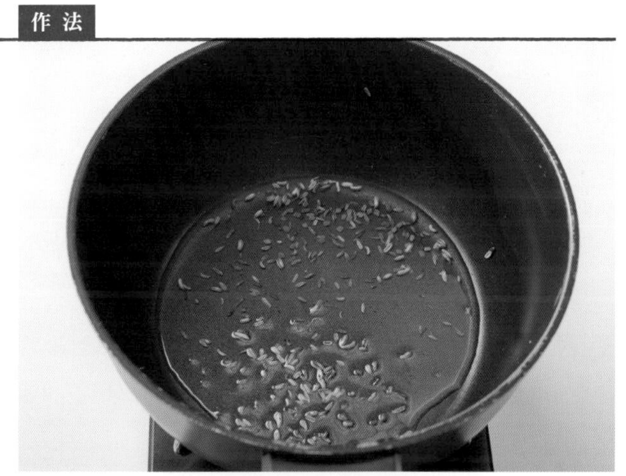

2

加入大蒜和薑後，炒至呈現金黃色澤。盡量讓所有香辛料都能受熱，翻炒均勻。

3

倒入青辣椒和洋蔥，炒到洋蔥變軟但還未呈現褐色為佳。洋蔥尚能保持切下時的形狀。

咖哩基底製作秘訣

如圖中的洋蔥絲尚能保持原狀，醬料呈現明亮橙色狀態的咖哩基底。少量的青辣椒也必須確實加熱拌炒。

4

將主要香料加入鍋中炒，在這個步驟時需要讓油脂均勻散布在所有醬料中。放入優格拌勻，醃漬醬料和鹽、三溫糖，稍加拌炒至水分蒸發。大致翻炒一下的程度即可，毋須將水分徹底去除。

5

加進食譜份量之外的水 100 毫升，投入小魚乾和紅蘿蔔後蓋起鍋蓋，以小火燉煮 20 分鐘。一直煮到紅蘿蔔熟透變軟，釋放出甘甜為止。

6

加入茄子和四季豆。因為茄子和四季豆很容易熟，大致攪拌即可。

7

倒入鮮奶油和提味香料拌勻。乾燥的葫蘆芭葉最好先用手揉碎再撒入。

8

打開鍋蓋以稍大的中火燉煮約 3 分鐘。待水分蒸發至自己喜愛的黏稠度時即可。

菠菜咖哩

菠菜咖哩那清新香氣帶給人深刻的印象。
青辣椒和蒔蘿等新鮮香草的芬芳是其重要關鍵。
請大家享受藉由組合香料而產生的蔬菜風味。

材料

- 菠菜 …… 3 把
- 青辣椒 …… 4 根
- 蒔蘿 …… 4 支
- 紅花籽油 …… 3 大匙
- ●需先下鍋的香料（香料原形）
  - 孜然 …… 1 小匙
- 大蒜（切碎）…… 3 瓣
- 薑（切碎）…… 1 片
- 洋蔥 …… 中等大小 1 個
- 番茄泥 …… 2 大匙
- ●主要香料（粉狀香料）
  - 卡宴辣椒 …… 1 小匙
  - 葛拉姆馬薩拉 …… 1 小匙
- 鹽 …… 1 小匙
- 玉米粉 …… 15 克
- ●提味香料（香料原形）
  - 蘆巴葉 …… 3 小匙
- 奶油 …… 20 克
- 檸檬汁 …… 1/2 個
- 黑糖（或三溫糖）…… 1 大匙

作法

1

去掉菠菜的根部後清洗乾淨，和青辣椒一起放進鍋內，用剛好淹過兩者的水量煮軟。從鍋內撈起後移到篩網上瀝乾水分，加入蒔蘿後放進食物調理機中，打成還能見到葉片的泥狀。

2

將油倒進鍋中燒熱，放入需先下鍋的香料進行拌炒。將孜然種子炒至深褐色也無妨，只要注意不要到焦黑的程度即可。

3

加進大蒜和薑炒至金黃，加入洋蔥後炒到呈現焦黃色為止。剛開始用大火翻炒，之後慢慢將火轉小，全部炒約 15 分鐘以上。

4

加入番茄泥後繼續翻炒。用較微弱的中火翻炒番茄泥至水分蒸發，到整體成為黏稠泥狀。

咖哩基底製作秘訣

放入粉狀香料拌炒。因為香料原形和粉狀香料的量都比其他香料咖哩來得少，蔬菜咖哩基底的香氣較微弱。之後加入的蔬菜會成為此道咖哩的風味主軸。

5

放進玉米粉，均勻拌炒至未見粉狀、全部融入醬汁為止。

6

將奶油倒入以上醬料攪勻。此為可以放進乾燥葫蘆巴葉的時間點，或者在之後放青菜時加入亦可。

7

倒入蔬菜泥，蓋上鍋蓋用中火煮約 20 分鐘到全部呈現黏稠狀。如果水分過多，中途可以打開鍋蓋繼續燉煮讓水分蒸發，一直煮到全部呈現黏稠的泥狀最為理想。

8

轉成小火，加入檸檬汁和黑糖拌勻。再將砂糖完全融於醬汁中，檸檬汁則依個人喜愛酌量添加。

魚類咖哩

口感清爽、味道層次十足的魚類咖哩。

可明顯感受到椰奶的香甜和檸檬的酸味。

魚肉脂肪含量低、本身味道較淡的白肉魚最能濃縮香料的芬芳。

材料

鯛魚（或是其他的白肉魚亦可）	4 大片
紅花籽油	2 大匙
芝麻油	1 大匙
●需先下鍋的香料（香料原形）	
葫蘆巴	2 小撮
芥末	1/4 匙
茴香	1/2 匙
孜然	1/2 匙
大蒜（壓碎）	2 片
洋蔥（切絲）	小 1/2 個
新鮮番茄	150 克
●主要香料（粉狀香料）	
薑黃	1/2 小匙
青芒果粉	1 小匙
卡宴辣椒	2 小匙
芫荽	1 大匙
鹽	1 小匙
水	200 毫升
椰奶	100 毫升
檸檬汁	1 個
●提味香料	
咖哩葉（非必要）	20 片左右

作法

1. 先均勻撒少許鹽、薑黃和檸檬汁（皆在食譜份量之外）在鯛魚上並醃漬 30 分鐘左右。
2. 將油倒進鍋中燒熱，放入需先下鍋的香料進行拌炒。
3. 加入大蒜後翻炒，再倒進洋蔥炒至金黃。放入新鮮番茄後須炒到水份收乾。
4. 將主要香料和鹽加入鍋中翻炒。
5. 水分兩次加入並使之沸騰，倒入椰奶和檸檬汁用中火燉煮約 10 分鐘左右。
6. 放進魚塊燉煮約 10 分鐘。
7. 倒入提味香料加以拌勻。

咖哩基底製作秘訣

在保持洋蔥絲原本形狀的狀態為佳，但仍要盡量讓水分收乾。炒到粉狀香料完全融入醬汁的程度。

鷹嘴豆咖哩

能充分享受溫和辣度的豆類咖哩。
滋味豐富、煮得軟爛的鷹嘴豆和薑，
還有風味分明的青辣椒達成絕妙平衡的美味咖哩。

材料

- 紅花籽油 …… 3 大匙
- ●需先下鍋的香料（香料原形）
  - 孜然 …… 1 小匙
- 大蒜（切碎）…… 1 瓣
- 薑 …… 2 片
- 青辣椒（切圓片）…… 1 條
- 洋蔥（切成 1 公分塊狀）…… 2 小個
- 番茄泥 …… 80 毫升
- ●主要香料（粉狀香料）
  - 印度阿魏 …… 2 小撮
  - 薑黃 …… 1/2 匙
  - 卡宴辣椒 …… 1/2 匙
  - 蔬果沙拉馬薩拉（非必要）…… 1 小匙
  - 芫荽 …… 1 大匙
- 鹽 …… 1 大匙
- 水 …… 100 毫升
- 鷹嘴豆（水煮）…… 250 克
- 奶油 …… 10 克
- ●提味香料（新鮮香料）
  - 香菜（切碎）…… 1 杯
  - 薑（切絲）…… 1 片

作法

1. 將油倒進鍋中燒熱，放入需先下鍋的香料進行拌炒。將孜然種子炒至深褐色。
2. 加入大蒜、薑炒至金黃，青辣椒和洋蔥倒入後也一樣炒到焦黃。
3. 倒入番茄泥拌炒。
4. 加進主要香料和鹽翻炒。
5. 水倒進鍋中煮滾，再放入鷹嘴豆煮到沸騰後蓋上鍋蓋，轉小火悶煮約 10 分鐘。
6. 打開鍋蓋調整到中火，一邊適當讓水分蒸發，一邊燉煮約 10 分鐘。
7. 加入奶油混合均勻，並拌入提味香料。

咖哩基底製作秘訣

雖然這道咖哩是以洋蔥香味為基調，但為了讓洋蔥也能保有口感，切片時的大小和翻炒的程度都須掌握。如果能在燉煮時保持洋蔥的塊狀，就不易煮爛。

羊肉咖哩

可充分享受奶製品香濃醇厚風味的羊肉咖哩。
使用優格、牛奶、鮮奶油這三種奶製品調製成順口的醬汁。
其濃郁的風味不僅適合搭配米飯，和麵包一起享用也非常美味。

材料

帶骨羊肉（切塊）	600 克
無糖原味優格	150 克
◆醬料用	
牛奶	100 毫升
青辣椒	4 條
腰果	50 克
罌粟籽（非必要）	1 大匙
紅花籽油	3 大匙
●需先下鍋的香料（香料原形）	
香豆蔻（非必要）	1 粒
丁香	4 粒
中國肉桂或錫蘭肉桂	2 片
月桂葉	2 片
洋蔥（切碎）	1 個
大蒜（磨泥）	1 瓣
薑（磨泥）	1 片
●主要香料（粉狀香料）	
綠荳蔻	1 小匙
孜然	2 小匙
鹽	1 小匙
水	200 毫升
鮮奶油	50 毫升
●提味香料（粉狀香料）	
葛拉姆馬薩拉	1/2 小匙

作法

1. 先將羊肉和無糖原味優格攪拌均勻。之後把要做成醬料的材料放進食物調理機中打成泥狀。
2. 將油倒進鍋中燒熱，放入需先下鍋的香料進行拌炒。將丁香炒至膨起。
3. 加入洋蔥炒至表面稍呈金黃色後，放進大蒜、薑炒到沒有生鮮蔬菜的青草味。
4. 加進主要香料和鹽翻炒。
5. 倒進步驟 1 中的羊肉原味優格，加以翻炒。
6. 水倒進鍋中，煮至沸騰，蓋上鍋蓋用小火煮約 45 分鐘。
7. 將步驟 1 中打成泥的醬料和鮮奶油加入混合均勻，在打開鍋蓋的狀態下用中火燉煮約 15 分鐘，再拌入提味香料。

咖哩基底製作秘訣

此款基底中融合了 2 種荳蔻特殊且芬芳的香氣。雖然不太需要將整體醬料炒到深褐色，但水分要盡量收乾。

豬肉酸辣咖哩 Pork Vindaloo

可明顯感受到白酒醋酸味的新鮮豬肉咖哩。
把焙炒過發出迷人香氣的香料打成泥狀，再將豬肉放進醃漬熟成。
豬肉充分吸收了醃漬醬料的美味，讓人對這道咖哩印象深刻。

材料

豬肩胛肉（切成一口可食的大小）……500 克

◆醃漬用
- 大蒜……2 瓣
- 薑……2 片
- 白酒醋……4 大匙
- 洋蔥（切丁）……1/2 個
- 鹽……1 小匙
- 三溫糖……2 小匙

●主要香料 A（香料原形）
- 黃芥末……1 小匙
- 丁香……10 粒
- 黑胡椒……2 小匙
- 孜然……1 小匙多

紅花籽油……3 大匙
洋蔥（切碎）……1/2 個
新鮮番茄……100 克

●主要香料 B（粉狀香料）
- 薑黃……1/2 小匙
- 卡宴辣椒……1 小匙
- 芫荽……1 小匙
- 葛拉姆馬薩拉……1 小匙

水……400 毫升

作法

1 把主要香料 A 放入平底鍋中乾煎，與醃漬用的材料一起放入食物調理機中打成泥狀。把豬肉放入醬料泥中充分按摩過後，放入冰箱熟成約 2 小時。可以的話，最好是醃漬一個晚上。

2 將油倒進鍋中燒熱，放入切丁的洋蔥炒至深褐色為止。

3 加進新鮮番茄，確實將其水分炒乾。

4 放入主要香料 B 翻炒。

5 將步驟 1 中的熟成豬肉連同醃漬醬料倒入鍋內，把豬肉炒熟至水份完全收乾。

6 加水煮到沸騰，蓋上鍋蓋轉成小火燉煮約 45 分鐘，再視實際味道用鹽調味。

咖哩基底製作秘訣

在這個時間點上，因為尚未加入醃漬的豬肉，所以香料的香氣還不明顯。洋蔥因為確實翻炒過，整體醬料的量會顯得較少。

鮮蝦咖哩

味道濃郁且十分下飯的鮮蝦咖哩。
洋蔥泥和香料拌炒過後，製成味道香濃醇厚的醬汁，
與釋放出鮮甜美味的蝦子非常搭配。

材料

材料	份量
紅花籽油	4 大匙
●需先下鍋的香料（香料原形）	
孟加拉五香	2 小匙
洋蔥（磨泥）	1/2 個
薑（磨泥）	1 片
●主要香料（粉狀香料）	
薑黃	1/2 小匙
卡宴辣椒	1/2 小匙
芫荽	2 小匙
鹽	1 小匙
三溫糖	1 小匙
無糖原味優格	3 大匙
水	100 毫升
蝦子（盡可能帶頭、去殼，去腸泥）	20 小隻
●提味香料（香料原形）	
青辣椒（縱切）	4 條

作法

1. 將油倒進鍋中燒熱，放入需先下鍋的香料進行拌炒。
2. 將洋蔥和薑放進鍋內，將其炒至水分收乾，呈現金黃色泥狀。
3. 放入主要香料和鹽進行翻炒。
4. 倒進砂糖和無糖原味優格快速翻炒。
5. 加水入鍋內煮沸，放進蝦子後蓋上鍋蓋煮約 10 分鐘。
6. 放進提味香料後，再燉煮約 5 分鐘。

咖哩基底製作秘訣

可在基底中看見加入稍多份量的孟加拉五香顆粒。因為洋蔥已炒成泥狀，會讓整體的咖哩基底更顯濃稠。

奶油雞肉咖哩

因醬汁香濃順口而大受歡迎的雞肉咖哩。
香料的刺激性香氣和辣度、檸檬的酸味、蜂蜜的甜味，
以及奶油和鮮奶油的濃郁，都在奶油雞肉咖哩中合而為一。

材料

帶骨雞腿肉（切塊）	600 克
◆醃漬用	
優格	150 克
檸檬汁	1/2 個
大蒜（磨泥）	1 片
薑（磨泥）	1 片
鹽	1 小匙
●主要香料（粉狀香料）	
薑黃	1/2 小匙
卡宴辣椒	1 小匙
紅椒粉	1 小匙
葛拉姆馬薩拉	1/2 小匙
奶油	60 克
●需先下鍋的香料（香料原形）	
綠荳蔻	6 粒
丁香	6 粒
肉桂	1 根
肉豆蔻皮	2 小撮
青辣椒（切圓片）	2 根
新鮮番茄	400 克
蜂蜜	1 大匙
鮮奶油	100 毫升
●提味香料（香料原形）	
乾燥的葫蘆巴葉	2 大匙

作法

1 將醃漬用的醬料和主要香料放入備料碗中攪拌均勻，再放入雞肉用手按摩使之入味後，移至冰箱冷藏熟成約 2 小時。若時間許可，最好放一個晚上。

2 在熱鍋中加入奶油，放進需先下鍋的香料後，以中火慢慢的拌炒。

3 投入青辣椒繼續炒後，再放進新鮮番茄，煮到水份蒸發的程度。

4 將步驟 1 的醃漬雞肉連同醃漬醬料倒入鍋內燉煮，再加上蜂蜜和鮮奶油後，蓋上鍋蓋用小火煮約 20 分鐘。

5 打開鍋蓋拌入提味香料混合均勻即可。

咖哩基底製作秘訣

這是一道不須翻炒洋蔥的咖哩基底。奶油和番茄是主要原料。將新鮮番茄壓碎炒熟至水分收乾為止。

花椰菜咖哩

用簡單的幾種香料就可以製作出味道清爽的蔬菜咖哩。
大量使用的優格和添加少許的牛蒡作為提味之用，
這兩種食材本身的風味都可以襯出花椰菜的鮮美滋味。

材料

紅花籽油 …… 3 大匙
- 需先下鍋的香料（香料原形）
  - 茴香 …… 1 小匙
  - 孜然 …… 1/2 小匙

大蒜 …… 2 瓣
薑（磨泥）…… 2 片
洋蔥（磨泥）…… 1 個
番茄泥 …… 3 大匙
- 主要香料（粉狀香料）
  - 薑黃 …… 1 小匙
  - 紅椒粉 …… 1 小匙
  - 芫荽 …… 1 大匙

鹽 …… 1 小匙
原味優格 …… 400 克
牛奶（或可用水替代）…… 50 毫升
牛蒡（切成寬 5mm 的圓片後，汆燙去除澀味）…… 5 公分長
花椰菜（分成小朵）…… 1 大顆
馬鈴薯（切成一口可食但稍大的塊狀）…… 2 大個

作法

1 將油倒進鍋中燒熱，放入需先下鍋的香料拌炒至金黃色。

2 將大蒜和薑放進鍋內，用稍大的中火炒至呈現金黃色。

3 把洋蔥放入鍋中炒到焦黃。

4 倒入番茄泥混合均勻。

5 放入主要香料和鹽翻炒均勻。

6 在鍋內拌入原味優格，再倒入牛奶一起煮。

7 放進牛蒡、花椰菜、馬鈴薯後蓋上鍋蓋，不時打開鍋蓋攪拌鍋內食材，並添加適當的水量，以小火燉煮約 30 分鐘即可。

咖哩基底製作秘訣

道地的咖哩基底。番茄、紅椒粉的紅色、薑黃的黃色與洋蔥的金黃融為一體，變成偏紅的橙色醬料。

海瓜子咖哩

享用海瓜子咖哩時，可體驗這從未嘗試過的味道，為你帶來令人驚奇的滋味。
海瓜子的鮮美高湯與濃郁的椰奶，再加上起鍋前放入香氣逼人的香料，形成絕妙的搭配。

材料

紅花籽油	4 大匙
大蒜（壓碎）	1 片
薑（切碎）	1 片
洋蔥（切絲）	1/2 個
●主要香料（粉狀香料）	
薑黃	1/2 小匙
卡宴辣椒	1/2 小匙
芫荽	2 小匙
鹽	1 小匙
水	100 毫升
海瓜子（先吐沙）	800 克
椰奶	300 毫升
●提味香料（香料原形）	
芥末籽	1 小匙
葫蘆巴	1/4 小匙
鷹嘴豆（非必要）	1/2 小匙
紅辣椒（切半，種子也可用）	4 根
咖哩葉（非必要）	20 片

作法

1. 用 2 大匙油熱鍋，加入大蒜、薑炒至金黃色。
2. 放入洋蔥炒軟至焦黃色。
3. 加入主要香料和鹽拌炒。
4. 倒水入鍋內煮滾，加進海瓜子後蓋上鍋蓋，煮到海瓜子的殼打開為止。
5. 倒入椰奶用小火煮約 10 分鐘。
6. 用另一個平底鍋熱剩下的油，放進提味香料翻炒。等到芥末籽在油中幾乎要彈起時，放入咖哩葉拌炒，在整個平底鍋連油一起倒入燉煮醬料的鍋內。
7. 在鍋內將兩者攪拌均勻，以中火煮約 5 分鐘，再用鹽（食譜份量外）適量調味即可。

咖哩基底製作秘訣

雖然洋蔥炒至焦黃，但因為咖哩基底中沒有加入番茄，所以完成時的咖哩基底顏色為深黃色。還留有壓碎大蒜的顆粒為其特點。

在調製香料時不失敗的秘訣

對不習慣使用香料的人來說，要用哪種香料，以多少比例來調配才適當，一定覺得是個頭痛的難題。在使用香料時，掌握比例的確是最重要的關鍵之一。在香料的搭配上有其基本的規則，只要掌握到訣竅，便可以作出一定程度美味的咖哩。為了讓大家不在調配香料時感到頭痛又棘手，讓我來為大家講解調製香料的規則。

是否時常聽到「依照秘方的調配比例……」這種說法呢？或者是「在此步驟之後不對外公開」等等，就會讓人感到在這些話之後是經驗豐富的專家才能理解的深奧香料世界。大家是否認為在調製香料的比例上，有那種住在深山裡的神仙，學徒們要經過嚴酷修行後才能傳授的秘密配方呢？神秘的香料調製比例根本不存在。唯一存在的只是個人的喜好罷了。

粉狀香料的 3 種組合

薑黃和紅辣椒粉的比例都要少量。芫荽粉可大量添加。只要記住這樣的分配比例就不容易失敗。雖然薑黃是不可缺少的香料，但加太多會出現苦味。紅辣椒粉也不可少，但量太多會過於辛辣。芫荽是一種圓融的香料，可以完美統合所有香料並帶出美味。

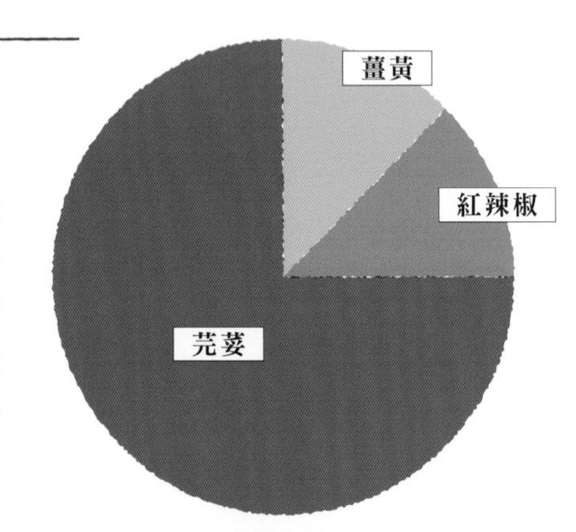

粉狀香料的 4 種組合

若想增加香料的種類時，譬如第 4 種香料想用孜然，就要將芫荽的份量減半，以孜然取而代之。薑黃和紅辣椒粉的比例固定不變。剩下的部分由芫荽、孜然來分攤。多用點孜然，或多加點芫荽的風味都會不同，大家可以慢慢試試看，找出自己喜愛的比例。

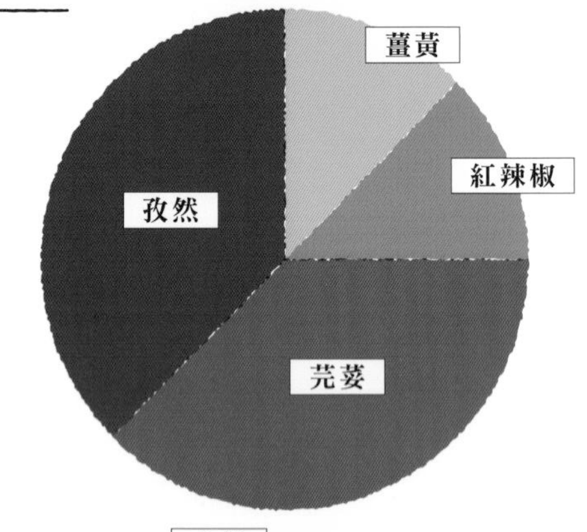

粉狀香料與香料原形的 5 種組合

在加入香料原形時的基本概念也相同。與粉狀香料合併使用，再加入綠荳蔻、丁香、肉桂等香料原形。薑黃和紅辣椒粉的比例同樣固定不變，其他部分則由多種香料組合而成。使用 3 種香料原形來做搭配，雖然種類較少，但比較容易掌握整體香料的比例。

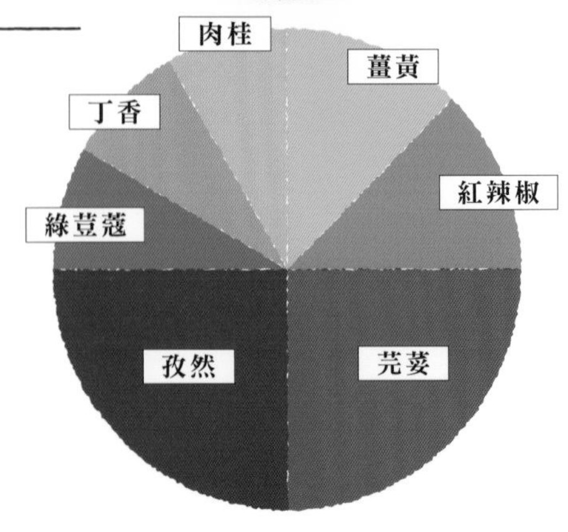

掌握了調配香料的基本規則後，只要嘗試少量增加某種香料，或者試著減少某種香料的量即可。「應該比較喜歡這種」或「好像這種香味也還好」，在改變香料比例的過程中便會了解自己的喜好。專賣咖哩的餐廳主廚即是用這種方式決定自己店內的口味。而這個其實是主廚的喜好，然後把這個配方包裝成是「源自某處的秘傳配方」以提高附加價值。主廚自己的喜好對別人來說也許是種秘密吧！

順帶一提，我在此公開自己喜愛的香料調配比例給大家參考，依照肉類、魚類或蔬菜咖哩等不同食材，香料之間的比例要如何搭配。不過，這只是我自己的喜好，只是一個例子而已。下面的比例表是我思考了10分鐘左右，覺得「嗯！應該就是這種感覺！」哪天再歪著頭想10分鐘，可能又會有其他比例產生。

腦袋中先記好不會失敗的香料調配訣竅後，在嘗試多種香料組合搭配時，便可以不斷享受其中的樂趣，而這個也許正是香料咖哩的精髓。

	粉狀香料								香料原形									
料理名稱	薑黃	紅辣椒	芫荽	孜然	紅椒粉	黑胡椒	印度阿魏	葛拉姆馬薩拉	孜然	綠荳蔻	丁香	肉桂	紅辣椒	芥末	葫蘆巴	茴香	孟加拉五香	使用種類
雞肉咖哩 A	1/2小匙	1/2小匙	1大匙		1小匙	1小匙		1/4小匙	1小匙									7
雞肉咖哩 B	1/2小匙	1小匙	2大匙										2支	1小匙	少量			6
牛肉咖哩	1/4小匙	1/2小匙	1大匙	1小匙		1小匙		1/2小匙		6粒	6粒	1支						9
豬肉咖哩	1/2小匙	1小匙	1大匙	1小匙	1小匙					4粒	4粒	1支						8
羊肉咖哩	1/2小匙	1/2小匙	1大匙			1小匙			1小匙	6粒	6粒	1支						8
魚類咖哩	1小匙	1/2小匙	2大匙										3支	1/2小匙	少量	1小匙		7
鮮蝦咖哩	1小匙	1小匙	1大匙		1小匙												1小匙	5
蔬菜咖哩 A	1/2小匙	1/4小匙		2小匙			少量									1小匙		5
蔬菜咖哩 B	1/4小匙	1/2小匙	1大匙				少量											4
豆類咖哩	1小匙	1小匙	1小匙				少量		1小匙				1支					6
使用頻率	10	10	9	3	3	3	3	2	3	3	3	3	3	2	2	2	1	

給為了購買哪種香料而煩惱的人

想要試著作香料咖哩，但不知道要從哪種香料開始準備，這真的是我常聽到的問題。在沒有任何資訊的情況下，就算站在超市的香料陳列架前，望著一整排的瓶瓶罐罐也是束手無策吧！即使決定要做哪種咖哩而買了必要的香料，但要做另外一種咖哩時，又需要其他的香料。那些多買的香料始終在自家廚房中沉睡著。為了讓香料初學者可以從中級階段，一步步進階到高級的香料使用者，我想為大家建議須要準備那些香料在手邊較好。

等級 1

初學者首先應準備的 3 種香料

只要 3 種香料，就可以做出美味的咖哩。在本書中也提供了食譜，只要試作一次，就會發現香料的魅力。我們首先就從準備粉狀香料開始吧！薑黃、紅辣椒、芫荽這三者是香料中最萬能的 3 項組合。只要以一定的比例混合，就會產生咖哩的香味，十分不可思議。

等級 2

想要開始嘗試使用香料原形

會用粉狀香料製作咖哩後，就會想要試試看用香料原形來作咖哩。因為使用還看得到形狀的香料，會令人有種專業的感覺，也會讓自己覺得多少有些進步。如果只要買一種香料原形，那孜然籽是最佳建議。只要在料理開始時，用油煎炒到周圍冒出氣泡即可。

等級 3

想以印度式的道地咖哩為目標

當可以熟練地使用粉狀香料和香料原形時，便會產生想要挑戰製作更為正統道地咖哩的欲望。有這樣的進步非常好，在此便為大家介紹製作有正統咖哩代稱的印度咖哩時，不可缺少的香料。在北印度咖哩中，有 3 種不能食用的香料組合，那就是綠荳蔻、丁香和肉桂。加入此三種香料，便可長時間的在醬汁中釋放香氣。尤其與肉類最為搭配。南印度咖哩中也有可以食用的 3 種香料組合，那就是芥末、葫蘆巴、紅辣椒。此三種香料可以在短時間裡散發出強烈的香氣，尤其適合搭配蔬菜和海鮮類食材。

等級 4

想一口氣擴大香料使用的範圍

香料不是只有乾燥的狀態。香料本身也是從某種植物上摘採下來，所以在新鮮的狀態下也可以使用。而且，不只能使用單種，還有混合使用多種香料的模式。如果能將這些方法學起來，料理的範圍就會一口氣擴大許多。新鮮香料具有新鮮香草的芬芳，加熱過後，會產生乾燥香料無法產生的香氣，大蒜和薑就屬這一類。在綜合香料中最有名的便是葛拉姆馬薩拉。能自己調配香料的人才屬高級香料使用者，比市售的產品更加美味。

等級 5

想依咖哩的種類自由搭配組合

能到達這個等級，在香料使用上便可算是達人了。在這個步驟裡沒有特別需要熟記的香料。雖然沒有收錄在步驟 1 到步驟 4 裡，但在此列出製作咖哩時十分好用的香料。請自己找出能表現自我喜好的香料吧！

香料等級

等級 1 是初級，等級 2 到 3 是中級，等級 4 到 5 屬高級。你現在在哪一個等級呢？能漸漸使用多種香料的感覺令人非常愉快。

給想了解香料功能的人

香料主要有 3 種功能

為什麼用香料做出來的咖哩會那麼好吃呢？那是因為香料本身有許多功能。無論是哪一個大家應該都可以想像的到，一般說來香料主要有 3 種功能，即是增加香氣、添加色澤、加強辣度。因為在咖哩中重複使用擁有此三種功能的香料，所以成效顯著。香料在擁有這樣的功能外，在提升咖哩風味的方面也發揮相當的作用。

1. 增加香氣

香料最具魅力的地方，便是在它芬芳的香氣。只要有 10 種香料，就會有 10 種完全不同的香氣。身在香氣繚繞的地方，會讓人產生幸福感。除了增加香氣外，香料還有去除臭味的功能。一旦能了解各種香料的特性，香料便會變得更容易使人親近。

2. 添加色澤

薑黃的鮮黃、紅辣椒或紅椒粉的豔紅、黑胡椒的深黑、葫蘆巴或綠荳蔻粉偏白的顏色等等，香料的顏色相當多樣。褐色的孜然和芫荽也有深淺不同的版本。順便一提，粉狀香料可為咖哩增加色彩，但香料原形沒有這個功能。

3. 加強辣度

辣不是舌尖上能感受的味道，而是由腦神經直接掌管的痛覺。不過這種辣度卻意外的容易上癮。雖然這僅止於帶有辣度的香料，但有些人聞到沒有辣度、但有刺激性的香料時，也會感覺到辣味。

香料並沒有「調味」這個功能

香料並沒有「調味」的這種功能。當然香料有各種各樣的味道，但幾乎都是些微的苦味。而且，加入香料也並不是將香料的味道加進去。雖然有「咖哩味」這個詞，但加了香料並不會產生咖哩的味道。香料的香氣在食材與鹽份結合的瞬間開始讓人聯想到咖哩的味道。所以請將香料視為提出味道的角色。

香料原形分成可食用和不可食用兩種

相信許多人曾經有過不小心咬下綠荳蔻，強烈香氣突然從口中竄出的經驗。看到綠荳蔻、丁香、肉桂時請將它們移到盤子的一角，不能吃下去。另外，在咀嚼像是孜然、芥末、茴香等香料時，會散發出刺激性的香氣，讓咖哩增添美味。等大家到達專業等級時，就能依照可食用香料和不可食用香料的區別來設計食譜。

加熱可以帶出香料的效果

所有香料都含有精油這種具揮發性的成分，透過加熱會讓揮發性成分釋放出來。而香料透過烘焙或翻炒會發出香氣也是這個原因。

油脂和鹽份是使用香料的重點

香料原形需要和油脂一起拌炒，因為其中的精油成分才容易揮發。在添加粉狀香料時，要記得加鹽，因為鹽具有帶出香氣和辣度的效果。也就是說適量的油脂和鹽份，是增加香料魅力的最佳幫手。

香料功能一覽表

在此之前，介紹香料時多以香料的功能加以區分。例如：孜然和芫荽可以增加香氣、薑黃可以添加色澤、紅辣椒則是增加辣度的香料。雖然很容易理解，但這樣的解釋並不足夠，因為薑黃和紅辣椒也具有深具魅力的香氣，而紅辣椒的色澤也很鮮豔。所有香料都具有複合性的功能，只是有程度上的不同而已。下表是依照我自己的感覺分類，希望在使用香料時，大家可以一邊參考，一邊想想每種香料的功能。

形狀	香料名	香氣	顏色	辣度	味道	特徵
粉狀香料	薑黃	○	◎	×	×	可做基底
	紅辣椒	○	◎	◎	×	可做基底
	芫荽	◎	△	×	×	平衡氣味
	孜然	◎	△	×	×	加強印象
	紅椒粉	○	◎	×	×	增加香氣
	黑胡椒	○	○	○	×	增添美味層次
	葛拉姆馬薩拉	◎	△	△	×	增加風味
	印度阿魏	○	△	×	×	製造鮮美
香料原形	孜然	◎	×	×	×	可食用
	綠荳蔻	◎	×	×	×	不可食用
	丁香	◎	△	×	×	不可食用
	肉桂	◎	×	×	×	不可食用
	芥末	△	×	○	×	可食用
	葫蘆巴	△	×	×	×	可食用
	紅辣椒	○	×	◎	×	可食用、不可食用
	茴香	◎	×	×	×	可食用
	孟加拉五香	◎	×	△	×	可食用
	鹽	×	×	△	◎	決定味道

※ 這裡的「味道」指的是為咖哩增添的風味，而不是香料本身的味道。

給想了解製作香料咖哩法則的人

香料咖哩的基本作法十分簡單。先炒製咖哩的基底，之後再加入水分以及想吃的食材燉煮即可，是一個由多種香氣及美味食材共同組成的架構。所有的香料咖哩都可以依照以下 7 個步驟完成。只要自行排列組合在每個步驟中加入的香料和食材，便可以產生各式各樣的咖哩食譜。

舉例來說，作正統的雞肉咖哩時，依照 7 個黃金定律的步驟來做的話，大致上就如同以下所述：

材料 4 盤份量

- 植物油……3 大匙
- 需先下鍋的香料（香料原形）
  - 孜然籽……1 小匙
- 大蒜（切碎）……1 瓣
- 薑（切碎）……1 片
- 洋蔥（切絲）……1 小個
- 番茄（切小塊）……1 大個
- 主要香料（粉狀香料）
  - 薑黃……1/2 小匙
  - 紅辣椒……1/2 小匙
  - 芫荽……2 大匙
- 鹽……1 小匙
- 水……300 毫升
- 雞腿肉（切成適合入口的大小）……400 克
- 提味香料（新鮮香料）
  - 香菜（切碎）……適量

作法

❶ 先熱油鍋，把需先下鍋的香料炒過。
❷ 再加進大蒜、薑翻炒，之後加入洋蔥。
❸ 把番茄倒入鍋中。
❹ 將主要香料和鹽放進鍋內，一起翻炒。
❺ 加水進去跟香料一起煮。
❻ 將雞肉加入香料醬汁中燉煮。
❼ 灑上新鮮香菜拌勻。

1	需先下鍋的香料
2	咖哩的基礎風味
3	鮮味
4	主要的香料
5	水分
6	食材
7	提味香料

炒

先將香料原形放進油鍋中炒。在一開始的步驟裡先把不容易煮熟的香料原形放進鍋內，之後在準備完成咖哩的這段時間內，這個香料原形就會持續散發它的香氣。

- 油
- 孜然籽

拌炒洋蔥、大蒜、薑這些香辛料，打造美味的咖哩基礎。拌炒至去除水分，濃縮美味精華是重要的步驟。

- 洋蔥
- 大蒜
- 薑

加入番茄繼續拌炒。這是去除咖哩醬汁多餘水分，濃縮鮮甜美味的步驟。除了番茄之外，也可以使用優格或堅果醬。

- 番茄

加粉狀香料和鹽進去拌炒。因為粉狀香料容易料理的特性，只要稍微炒一下，香味便會撲鼻而來。咖哩的主要香氣在此步驟便可決定。在本書中，將這個步驟完成後的醬料稱為「咖哩的基底」。

- 薑黃
- 紅辣椒
- 芫荽
- 鹽

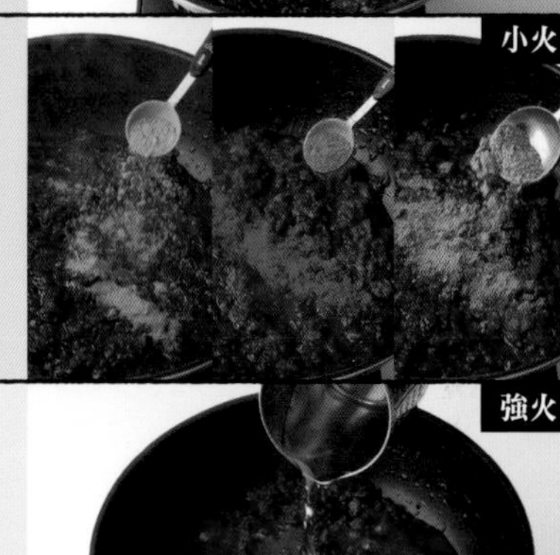

煮

加水到鍋內煮滾。因為之後要放料進去，不需要重複燉煮。在此加水是為了要讓咖哩基底與水結合。在這個時間點也可加入法式清湯和椰奶。

- 水

加進想吃的食材燉煮。看要煮雞肉咖哩或是蔬菜咖哩，咖哩在這個步驟可明確顯示它所屬的種類。

- 雞肉

最後再加入提味香料混合均勻。這裡的提味香料會帶給食用者最強烈的印象。看要加葛拉姆馬薩拉這種綜合香料，或者也有加入香料原形的作法。 藉著提味香料可以帶出咖哩整體的風味。

- 香菜

中火

花椰菜馬鈴薯咖哩

大蒜和薑讓風味優雅的蔬菜更加美味。
切碎的話香氣則更為明顯。

材料 4 盤份量

沙拉油	3 大匙
大蒜	2 瓣
薑	2 片
青辣椒	3 條
洋蔥	1 個
3 種基本香料	
薑黃	1 小匙
卡宴辣椒	1/2 小匙
芫荽	1 大匙
鹽	1 小匙
熱水	50 毫升
馬鈴薯	2 個
白花椰菜	1/2 顆
豌豆（罐頭）	2 罐（固體重量 130 克）
番茄	1 個

作法

切
1. 把大蒜、薑切碎，青辣椒切圓片。
2. 為了留有口感，把洋蔥切成大片的塊狀。
3. 將蕃茄對切後，兩半都再切成 4 等分。
4. 馬鈴薯去皮後隨意切成塊狀，花椰菜則分成小朵後汆燙。

炒

5. 在平底鍋中以中火熱油，加進大蒜和薑。
6. 加入洋蔥和青辣椒，炒至焦黃。
7. 把火調小，加入 3 種基本香料和鹽，快速翻炒。✓

煮

8. 倒入熱水煮開，放進馬鈴薯、花椰菜和豌豆，與醬汁充分攪拌再蓋上鍋蓋用中火煮約 2 分鐘。
9. 打開鍋蓋加進番茄，用中火煮到滾，最後再煮到醬汁收乾即可。

✓ 咖哩基底製作秘訣

因為洋蔥不只作為咖哩基底甜味的要角，也有主要食材的作用，所以最好保留其口感。翻炒的標準是洋蔥表面已帶金黃，但內部還保有水分，所以有一定的厚度。

燉豬肉咖哩

梅酒是讓這道咖哩酸中帶甜且香氣濃郁的秘密武器。
用梅酒醃漬豬肉的技巧請保密不要外傳。

材料 4盤份量

材料	份量
沙拉油	3大匙
豬肉（腿部、五花、里肌）	600克
黑胡椒	1/2小匙
梅酒	2大匙
醬油	1大匙
大蒜	1瓣
薑	1片
洋蔥	1個
切塊番茄	1杯
3種基本香料	
薑黃	1/2小匙
卡宴辣椒	1/2小匙
芫荽	1大匙
黑芝麻粉	1大匙
熱水	500毫升
白蘿蔔	1/4根

作法

切

❶ 切除豬肉多餘的脂肪，剩500克左右再切成塊狀，撒上黑胡椒、梅酒、醬油浸泡醃漬約2小時。

❷ 洋蔥切粗碎塊，大蒜和薑則磨成泥，先與1/2的水（食譜份量外）混合均勻。

❸ 白蘿蔔切成2公分寬的圓片，再切成4等分。

炒

❹ 用平底鍋以中火熱沙拉油，放入洋蔥炒約10分鐘左右，到呈現深褐色。

❺ 加入步驟②的大蒜和薑泥炒約2分鐘。

❻ 放進番茄塊確實將其水分炒至蒸發。

❼ 放入3種基本香料和黑芝麻粉一起翻炒。☑

煮

❽ 倒入熱水煮滾，加入步驟①的豬肉和醃漬醬汁以及白蘿蔔，蓋上鍋蓋用略小的中火燉煮約90分鐘即可。

☑ 咖哩基底製作秘訣

要確實翻炒洋蔥。剛開始要用大火將洋蔥表面炒到金黃，後半部分將火略為轉小，以較大的中火去除洋蔥的水分。完成後的咖哩基底為深褐色。

西餐廳的牛肉咖哩

炒洋菇泥應該是未曾體驗的料理方法吧？
此道咖哩借用法式料理的手法。

材 料 4 盤份量

沙拉油	3 大匙
洋蔥	1 大個
大蒜	2 瓣
薑	2 片
褐色洋菇	12 個
麵粉	10 克
3 種基本香料	
薑黃	1/2 小匙
卡宴辣椒	1/2 小匙
芫荽	2 大匙
伍斯特黑醋醬 (Worcestershire sauce)	2 大匙
熱水	500 毫升
牛肉	450 克
鮮奶油	適量

作 法

切
1. 薄切洋蔥，大蒜和薑磨泥。
2. 牛肉切成比適合入口較小塊的大小。
3. 把 3 朵洋菇磨泥，剩下的對切。

炒

4. 平底鍋以中火熱沙拉油，放入洋蔥炒約 15 分鐘左右，到呈現深褐色。
5. 放入大蒜和薑再炒約 3 分鐘。將磨成泥的洋菇倒進鍋內均勻拌炒。
6. 加入麵粉炒約 3 分鐘。
7. 火轉小，加進 3 種基本香料和伍斯特黑醋醬炒勻。☑

煮

8. 熱水分 2 次倒入鍋中煮開。
9. 放進牛肉和洋菇煮滾，打開鍋蓋以較小的中火燉煮約 60 分鐘。裝盤後再淋上鮮奶油即可。

☑ 咖哩基底製作秘訣

稍微花點時間均勻翻炒薄切的洋蔥。之後加入的洋菇和麵粉也同樣以中火長時間拌炒，須注意要炒至全熟。

腰果雞肉咖哩

在咖哩中加入堅果使味道濃郁，是印度料理的手法。
請記住這個常用的方法。

材料 4盤份量

沙拉油……3大匙
洋蔥……1/2個
薑……2片
青椒……2個
大蒜……2瓣
切塊番茄……150克
腰果……50克
● 3種基本香料
- 薑黃……1小匙
- 卡宴辣椒……1小匙
- 芫荽……1大匙

鹽……1小匙
熱水……200毫升
雞腿肉……400克
鮮奶油……100毫升
水煮蛋……4個

作法

切
❶ 洋蔥切碎，大蒜磨成泥，薑切絲、青椒切塊。
❷ 用食物調理機將番茄和腰果打成泥。
❸ 雞肉切成適合入口的大小，水煮蛋也切成適當的大小。

炒
❹ 平底鍋以中火熱沙拉油，放入洋蔥、薑、青椒炒到呈現深褐色。
❺ 加進大蒜拌炒。
❻ 倒入步驟②的番茄和腰果泥，翻炒至水分蒸發。
❼ 放入3種基本醬料，拌炒約30秒。☑

煮
❽ 倒入熱水煮滾，加進雞肉蓋上鍋蓋後以較小的中火燉煮約15分鐘。
❾ 加鮮奶油進鍋內煮開，拌入水煮蛋即可。

☑ 咖哩基底製作秘訣

因為腰果和切塊番茄的泥狀物含有水分，所以必須炒到水份完全蒸發。標準是整體醬料呈現黏稠狀。要翻炒到褐色的洋蔥與番茄混合後呈現如圖片中較深的色澤為目標。

夏季蔬菜鮮蝦咖哩

拌炒蝦泥後，會產生令人驚奇的美味高湯。
是從外表無法看出、令人充滿驚訝的一道咖哩。

材料 4 盤份量

沙拉油	3 大匙
大蒜	1 瓣
薑	1 片
洋蔥	1/2 個
虎蝦 (black tiger)	1 隻
切塊番茄	1 杯
3 種基本香料	
薑黃	1/4 小匙
卡宴辣椒	1 小匙
芫荽	2 小匙
鹽	1 小匙
熱水	400 毫升
南瓜	1/4 個
茄子	2 條
四季豆	10 根

作法

切
1. 大蒜、洋蔥切碎，洋蔥切成較大的碎塊。
2. 虎蝦去殼、去腸泥，用菜刀剁成泥。
3. 南瓜、茄子隨意切成小塊，用 160 度的油直接炸到稍硬。四季豆切成 5 公分長。

炒
4. 平底鍋熱油，快速翻炒大蒜和薑，再放入洋蔥炒約 5 分鐘。
5. 加進蝦泥拌炒，切塊番茄也炒到水份蒸發為止。
6. 放入 3 種基本香料和鹽拌炒均勻。☑

煮
7. 倒進熱水煮滾，再燉煮約 5 分鐘。
8. 放進步驟③的南瓜、茄子、四季豆快速煮即可。

☑ **咖哩基底製作秘訣**

關鍵在翻炒蝦泥。因為蝦泥會產生美味高湯，即使洋蔥沒有確實炒到金黃色也無妨。但因加入較多的番茄，如果能確實翻炒到讓水分蒸發，便能完成一道比例均衡的咖哩基底。

海鮮綠咖哩

翻炒鹽漬烏賊很令人意外吧？
在這道咖哩中可體驗發酵調味料在咖哩內產生的美味。

材料 **4 盤份量**

◆醬料

材料	份量
青辣椒	5 根
洋蔥	1/4 個
大蒜	2 瓣
薑	2 片
香菜	1 杯
新鮮羅勒	5 片
孜然籽	1 小匙
芫荽	1 小匙
鹽漬烏賊	1 大匙
橄欖油	3 大匙
熱水	200 毫升
椰奶	400 毫升
青甘魚魚雜	400 克
綠花椰菜	1/2 顆
泰國青檸葉（非必要）	3-4 片
魚露	1.5 大匙

作法

切
❶ 將要做成醬汁的食材放入食物調理機中打成泥。
❷ 快速汆燙青甘魚塊。

炒
❸ 將綠花椰分成小朵。
❹ 以較厚的鍋熱橄欖油，加水進步驟①的醬汁再炒至水分收乾。☑

煮
❺ 加熱水進鍋內煮滾，放入椰奶、青甘魚塊、綠花椰和泰國青檸葉燉煮約 5 分鐘。
❻ 再以魚露調整味道即可。

☑ **咖哩基底製作秘訣**

生的綠咖哩基底帶有青辣椒和香菜特有的青草味。藉由加熱翻炒可以讓它們變身為芬芳的香氣。在剛開始翻炒時可能會噴出油脂，要多加留意。要以醬料水份完全收乾至黏稠狀為目標。

雞絞肉咖哩

雞絞肉咖哩的口感與味道都十分清爽且容易入口。
紅蘿蔔和香菜是讓味道具有層次的關鍵食材。

材料 4 盤份量

紅花籽油	3 大匙
大蒜	2 瓣
薑	2 片
洋蔥	1 個
切塊番茄	100 克
●3 種基本香料	
薑黃	1/2 小匙
卡宴辣椒	1 小匙
孜然	1 大匙
鹽	1 小匙
紅蘿蔔	1 根
雞絞肉	400 克
腰果	50 克
熱水	100 毫升
香菜	1 把

作法

切
❶ 用菜刀剁碎雞絞肉。
❷ 大蒜、薑、洋蔥、紅蘿蔔切碎，香菜粗切，壓碎腰果。

炒
❸ 用平底鍋以中火熱油，放入大蒜、薑炒到金黃色。
❹ 放進洋蔥炒軟到金黃色。
❺ 放入番茄炒到水分蒸發，腰果也放進鍋裡炒。
❻ 放入 3 種基本香料拌炒。☑

煮
❼ 倒入熱水煮滾，加進步驟①的雞絞肉使汁入味。
❽ 放入紅蘿蔔後，一邊攪拌，以中火煮約 10 分鐘。
❾ 調成大火，燉煮約 5 分鐘，煮到水紛蒸發後加進香菜翻炒即可。

料理重點

用菜刀剁碎雞絞肉，可以使絞肉產生粒粒分明的口感。

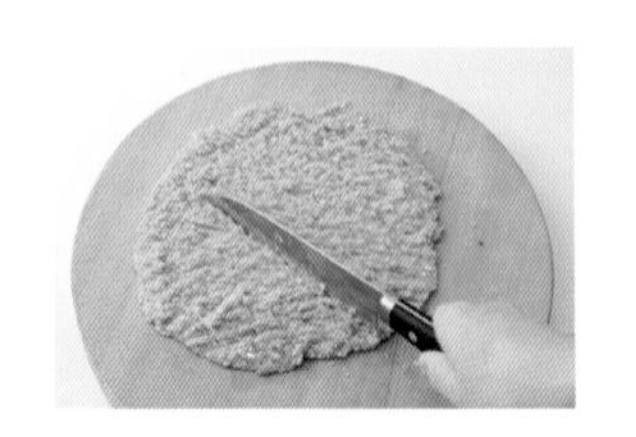

☑ 咖哩基底製作秘訣

因為洋蔥、大蒜、薑全都切碎的關係，還留有部分的口感與味道。雖然番茄的水分已去除，但因為腰果碎粒的影響，所以整體醬料的感覺是散散的肉末狀。

馬鈴薯菠菜咖哩

印度料理中必有的菜色。

菠菜經過燉煮後會變得更加甘甜，但煮得太久顏色會變黃。

材料 **4 盤份量**

材料	份量
紅花籽油	3 大匙
大蒜	3 瓣
薑	2 片
洋蔥	1 個
切塊番茄	200 克
3 種基本香料	
薑黃	1/4 小匙
卡宴辣椒	1/2 小匙
孜然	1 大匙
鹽	1 小匙
熱水	300 毫升
馬鈴薯	2 個
菠菜	2 把
鮮奶油	50 毫升

作法

切
1. 大蒜、薑、洋蔥切碎，馬鈴薯切成適合入口的大小。
2. 菠菜大致切斷後，用鹽水燙過撈至篩網上瀝乾水分放涼，再放進食物調理機中打成泥。

炒

3. 平底鍋熱油，加進大蒜和薑炒至變色。
4. 放進洋蔥後炒至金黃色。
5. 倒入番茄炒到水份蒸發。
6. 加入基本的 3 種香料和鹽翻炒均勻。☑

煮

7. 加熱水進入鍋內煮滾，放入馬鈴薯以中火煮約 15 分鐘到熟透為止。
8. 倒入菠菜泥後繼續燉煮。
9. 放入鮮奶油拌勻即可。

料理重點

大蒜和薑切碎，入口時便會散發出香氣。

☑ 咖哩基底製作秘訣

雖然大蒜末的份量比一般咖哩來得多，在一開始料理時用油炒至金黃色後，咖哩基底便會產生一股蒜香。在製作此基底時都用較強火候以逼出香氣。

歐風牛肉咖哩

能充分享受牛肉口感的歐風咖哩。
麵粉的滑順口感和紅酒的香氣令人食指大動。

材料 4 盤份量

材料	份量
牛五花	600 克
◆醃漬醬料	
紅蘿蔔	60 克
大蒜	1 瓣
芹菜	10 公分
紅酒	300 毫升
紅花籽油	2 大匙
洋蔥	1 個
奶油	15 克
切塊番茄	50 克
●3 種基本香料	
薑黃	1/2 小匙
卡宴辣椒	1/2 小匙
孜然	1 大匙
鹽	少於 1 小匙
麵粉	1 大匙
熱水	500 毫升
巧克力	5 克
藍莓果醬	1 小匙

料理重點

用紅酒醃漬牛肉後，紅酒的味道就會鎖進牛肉中。

作法

切
1. 牛五花切成大塊。洋蔥、紅蘿蔔、芹菜切碎。大蒜壓碎。
2. 醃漬醬料所需的材料全都倒進調理碗中混合均勻，把牛肉放入冰箱醃漬 2 小時左右，最好能醃漬一個晚上。

炒
3. 平底鍋熱油，加進洋蔥炒至變色。
4. 放入奶油和醃漬醬料中的蔬菜拌炒。將醃漬醬料一點一點的倒進鍋內翻炒，炒到水份收乾。
5. 放入番茄拌炒。
6. 將火轉小，混入 3 種基本香料和鹽，再加麵粉繼續翻炒。☑
7. 牛肉放入鍋中，炒至表面上色。

煮
8. 加入熱水煮滾，倒入藍莓果醬和巧克力拌勻，以小火燉煮約 2 小時即可。

☑ 咖哩基底製作秘訣

在醃漬醬料中使用的蔬菜必須確實翻炒、壓碎到看不見原來的形狀為止。將紅酒的酒精炒到蒸發後，咖哩基底便會留下濃郁的味道和顏色。在水分蒸發、油脂浮上表面的時間點加入香料為佳。

招牌牛肉咖哩

雖然是傳統常見的菜色，但廣受大眾喜愛的招牌牛肉咖哩。
絕對沒有想到是只有 3 種香料做成的絕佳美味。

材料 **4 盤份量**

紅花籽油	2 大匙
洋蔥	1 個
◆醬料	
大蒜	2 瓣
薑	2 片
紅蘿蔔	1/2 條
蘋果	1/2 個
椰子粉	15 克
切塊番茄	100 克
白酒	50 毫升
●3 種基本香料	
薑黃	1/2 小匙
卡宴辣椒	1/2 小匙
孜然	1 大匙
雞高湯	500 毫升
牛奶	100 毫升
牛肉高湯	30 克
芒果酸辣醬 (Chutney)	1 大匙
牛肉 (咖哩用)	600 克
奶油	15 克

作法

切
1. 把製作醬料的食材全放進食物調理機中打成泥狀。
2. 牛肉切成比適合入口大小稍大的塊狀，並撒上鹽、胡椒 (食譜份量外)。
3. 洋蔥切碎。

炒
4. 以平底鍋熱油，加進洋蔥炒至變成焦糖色。加入泥狀醬料，炒至水分充分蒸發，顏色變深。
5. 火調小，加進 3 種基本香料和鹽翻炒。☑

煮
6. 倒入雞高湯煮滾。
7. 加牛奶、牛肉高湯煮滾。
8. 放入芒果酸辣醬和牛肉煮至沸騰。
9. 打開鍋蓋用小火燉煮約 1 小時左右。
10. 融化奶油後攪拌均勻即可。

☑ 咖哩基底製作秘訣

雖然翻炒蔬菜做成的醬汁是其特色，但需要拌炒至整體水分蒸發呈現黏稠狀為止。理想標準是這道咖哩的基底從外觀上完全無法看出其內容物的形狀，且顏色很濃。

日式咖哩

無論是外觀的色澤或順口的美味都像從前日本傳統家庭的咖哩。
飯上擺滿切塊的洋蔥、紅蘿蔔和馬鈴薯，可以充分享受其口感。

材料 4盤份量

- 紅花籽油……3大匙
- 洋蔥……1又1/2個
- 3種基本香料
  - 薑黃……1小匙
  - 卡宴辣椒……1/4小匙
  - 孜然……1大匙
- 鹽……1小匙
- 麵粉……2大匙
- 雞高湯……400毫升
- 杏桃果醬……2大匙
- 馬鈴薯……1個(150克)
- 紅蘿蔔……1條(200克)
- 豬肩腰肉(炸豬排用)……200克

作法

切

❶ 洋蔥對切後，再切四等分。馬鈴薯和紅蘿蔔則隨意切塊。

❷ 在豬肉上灑鹽和胡椒(食譜份量之外)。

炒

❸ 平底鍋熱油，加進洋蔥炒至變軟。

❹ 放入3種基本香料和鹽炒勻，再加入麵粉翻炒。☑

煮

❺ 倒入雞高湯煮滾，放進馬鈴薯、紅蘿蔔、杏桃醬後再以小火煮約30分鐘。

❻ 用另一個平底鍋熱油(食譜份量之外)煎豬肉，一面用大火炒約1分鐘，之後再翻面用中火炒約1分30秒。然後在砧板上將豬肉切成適合食用的大小，放入步驟⑤中快速煮過即可。

料理重點

加果醬進去煮，會提升咖哩的風味層次。

☑ 咖哩基底製作秘訣

作為食材享受口感、和用作基底的洋蔥，其步驟和方式翻炒是不一樣的。切成大片的洋蔥，想要保留它的外形，並能享受它的味道及口感，把洋蔥炒到軟的程度即可。

泰式黃咖哩

結合洋蔥及大蒜等新鮮蔬菜和 3 種基本香料為一體的咖哩。
魚露的鹹味為整道料理帶出鮮美滋味。

材料 4 盤份量

材料	份量
紅花籽油	3 大匙
◆醃漬醬料	
洋蔥	1/4 個
大蒜	2 瓣
薑	2 片
鹽漬烏賊	2 小匙
●3 種基本香料	
薑黃	1 小匙
卡宴辣椒	1/2 小匙
孜然	2 小匙
椰奶	400 毫升
熱水	100 毫升
魚露	2 大匙
豬肩腰肉	200 克
玉米筍	12 根
馬鈴薯	2 個
泰國青檸葉	4 片

作法

切
1. 把製作醬料的食材全放進食物調理機中打成泥狀。
2. 豬肉和馬鈴薯切成適合食用的大小。

炒
3. 以平底鍋熱油，翻炒步驟①的醬料泥。☑

煮
4. 倒入椰奶煮滾，加進魚露。
5. 放入豬肉、玉米筍、馬鈴薯和泰國青檸葉，待馬鈴薯煮熟即可。

料理重點

加椰奶燉煮會產生滑順的口感。

☑ 咖哩基底製作秘訣

翻炒基底的火候與時間最為關鍵。要把打成醬料泥用的水分和蔬菜本身所含的水分盡量炒乾。當水狀的醬料泥炒到變成黏稠狀時即可。

法式湯咖哩

融合蔬菜的香甜和雞翅的鮮美，
再加上濃郁椰奶的湯咖哩，風味溫潤而香醇。

材料 4 盤份量

橄欖油	2 大匙
● 需先下鍋的香料	
孜然籽	1/2 小匙
洋蔥	2 個
● 基本香料	
薑黃	1/2 小匙
卡宴辣椒	1/2 小匙
鹽	1 小匙
雞高湯	600 毫升
椰奶	100 毫升
雞翅	4 支
紅蘿蔔	1 大條
芹菜	1/2 根

作法

切

1. 洋蔥對切，洋蔥芯要留著。紅蘿蔔削皮後縱切成兩半，再橫切成二等分。芹菜去掉粗的纖維後，切成四等分。
2. 在雞翅上灑鹽和胡椒（食譜份量外）。

炒

3. 平底鍋熱橄欖油，翻炒孜然籽。
4. 將對切的洋蔥切口朝下放進鍋內，把橫切面煎至焦黃。
5. 放入 3 種基本香料和鹽炒勻。☑

煮

6. 倒入雞高湯。
7. 放進雞翅、紅蘿蔔和芹菜煮滾，蓋上鍋蓋用小火煮約 45 分鐘。
8. 倒入椰奶再煮約 15 分鐘即可。

料理重點

加雞高湯燉煮可以讓味道更濃郁。

☑ 咖哩基底製作秘訣

這是一道不做咖哩基底卻能做出咖哩的特例。作為食用的對切洋蔥要確實煎到金黃，在吸收油脂和基本的香料後，於燉煮的階段時可提高湯咖哩的整體風味。

茄子黑咖哩

充分翻炒大量洋蔥，大增鮮甜美味。
茄子吸收了絞肉香氣四溢的肉汁，讓美味融於一體。

材料 4 盤份量

紅花籽油	3 大匙
洋蔥	2 個
大蒜	1 又 1/2 瓣
薑	2 片
切塊番茄	100 克
●3 種基本香料	
薑黃	1/4 小匙
卡宴辣椒	1 小匙
孜然	1 大匙
鹽	少於 1 小匙
黑芝麻粉	1 小匙
薄鹽醬油	15 毫升
雞高湯	400 毫升
牛絞肉	200 克
茄子	10 小條
●提味香料	
蔥	1/2 根

作法

切
❶ 薄切洋蔥，大蒜和薑磨泥。
❷ 茄子切成寬 2 公分的圓片後油炸。蔥切碎。

炒
❸ 平底鍋熱油，洋蔥用中火炒到焦糖色。
❹ 加進大蒜和薑炒到水份蒸發。
❺ 放入番茄炒到水份收乾。
❻ 加入 3 種基本香料和鹽，一直炒到醬料釋放出香氣為止。☑

煮
❼ 倒進黑芝麻粉、醬油和雞高湯煮滾。
❽ 放牛絞肉進鍋內，用小火煮約 10 分鐘後，再放進茄子拌勻後煮約 5 分鐘。
❾ 撒上蔥花快煮一下即可。

料理重點

有耐心的將洋蔥炒至焦黃，便可以完成顏色深濃且獨具風味的咖哩基底。

☑ **咖哩基底製作秘訣**

將洋蔥炒到焦糖色的秘訣是剛開始不用鍋鏟翻攪，且用較大的中火煎洋蔥以去除水分，之後再慢慢的把火轉小，最後再用較微弱的中火，不停揮動鍋鏟翻炒洋蔥。

蕎麥麵店咖哩丼

像蕎麥麵店常見的咖哩丼飯。
當香料遇到蕎麥麵沾醬的那一瞬間，便產生了令人懷念不已的美味。

材料 4 盤份量

紅花籽油	3 大匙
大蒜	1 瓣
薑	1 片
洋蔥	1 又 1/2 個
3 種基本香料	
薑黃	1/2 小匙
卡宴辣椒	1/2 小匙
孜然	1 大匙
麵粉	1 大匙
日式高湯	800 毫升
沾麵醬（3 倍濃縮）	80 毫升
雞腿肉	250 克
鮮香菇	2 朵
太白粉水	2 大匙（用相同份量的水溶解）
熱水	2 大匙
提味香料	
鴨兒芹	適量

作法

切
1. 洋蔥、香菇切成厚片，大蒜和薑切碎。
2. 先把太白粉溶於水中。
3. 斜切雞肉成片，撒上鹽、胡椒（食譜份量外）。鴨兒芹切小片。

炒
4. 平底鍋熱油，加入大蒜、薑快速翻炒，洋蔥也要炒到軟化為止。
5. 加入 3 種基本香料拌炒後，放進麵粉再次翻炒。☑

煮
6. 倒入日式高湯和沾麵醬煮滾。
7. 放雞肉和香菇到鍋內，用小火煮約 15 分鐘。
8. 倒入太白粉水增添滑順口感，再拌入鴨兒芹即可。

☑ **咖哩基底製作秘訣**

大蒜和薑的香味轉移到油脂後，要翻炒作為食用的洋蔥，炒到變軟的程度即可。要把 3 種基本香料溶於油脂中是不變的定律。在此要確實拌炒。

爽口蔬菜咖哩

如果想要料理呈現清爽的風味，洋蔥就不要炒過久。
這是道香料的香氣勝於食材鮮味的咖哩。

材料 **4 盤份量**

沙拉油……3 大匙

● 需先下鍋的香料
- 孜然籽……1 小匙

大蒜……1 瓣
薑……1 片
洋蔥……1/2 個
芹菜……10 公分

● 3 種基本香料
- 薑黃……1/2 小匙
- 卡宴辣椒……1 小匙
- 芫荽……2 小匙

鹽……1 小匙
熱水……300 毫升
蜂蜜……1 小匙
冬瓜……1/4 個
牛奶……200 毫升
黃秋葵……10 根
小番茄……10 個

作法

切
1. 洋蔥、大蒜、薑、芹菜切碎。
2. 黃秋葵切成 4 等分。冬瓜切小塊，小番茄對切。

炒
3. 平底鍋以中火熱油，翻炒需先下鍋的香料。
4. 大蒜、薑快炒，再加入洋蔥和芹菜以較強的中火炒約 5 分鐘。
5. 把火轉小，放 3 種基本香料和鹽炒勻。☑

煮
6. 倒入熱水煮滾，加蜂蜜、冬瓜、牛奶燉煮約 10 分鐘。
7. 最後放入黃秋葵及小番茄煮 2-3 分鐘即可。

☑ 咖哩基底製作秘訣

要注意不要把洋蔥顏色炒得太深。為了要善用洋蔥、薑和芹菜的香氣，拌炒的時間要縮短，再與 3 種基本香料混合，就可以完成色、香、味皆清爽的咖哩。

鱈魚香咖哩

這是道香氣宜人的鮮魚咖哩。

以油脂帶出香料的香氣真像是變魔術般，學到這種方法後便會令人上癮。

材料 **4 盤份量**

- 沙拉油……2 大匙
- 需先下鍋的香料
  - 孜然籽……1/2 小匙
- 大蒜……1 瓣
- 薑……2 片
- 洋蔥……中等大小 1 個
- 青辣椒……4 條
- 切塊番茄……1 杯
- 3 種基本香料
  - 薑黃……1/2 小匙
  - 卡宴辣椒……1 小匙
  - 芫荽……1 大匙
- 鹽……1 小匙
- 熱水……300 毫升
- 椰奶……100 毫升
- 鱈魚……6 片（500 克）
- 提味香料（熱油炒香）
  - 沙拉油……2 大匙
  - 洋蔥……1 大匙
  - 卡宴辣椒……1/2 小匙
- 檸檬……1/2 個

作法

切

❶ 鱈魚片切成三等分。

❷ 洋蔥切碎，取 1 大匙的量備用。大蒜、薑切絲，青辣椒切圓片。

炒

❸ 平底鍋以中火熱沙拉油，放入大蒜、薑快炒。加入洋蔥、青辣椒以稍強的中火炒至變色。

❹ 加入番茄炒至去除水分，把火轉小加入 3 種基本香料、鹽，炒約 30 秒。☑

煮

❺ 加入熱水煮沸，蓋上鍋蓋用小火煮約 10 分鐘。

❻ 加入椰奶煮滾，再放進鱈魚煮約 5 分鐘。

❼ 在另一個平底鍋以中火熱沙拉油，翻炒從步驟②分出 1 大匙的洋蔥末到金黃色後，再加卡宴辣椒粉快速炒勻。打開步驟⑥的鍋蓋，拌入上面的香料翻炒。最後再淋上檸檬即可。

☑ **咖哩基底製作秘訣**

因為沒有把材料磨成泥，較容易產生香氣，但注意不要炒焦。因為番茄的量多，加進番茄後要花一點時間把水分炒乾。

鮭魚菠菜咖哩

這是道以椰奶為基底，散發鮭魚香氣的咖哩。
減少 3 種基本香料的量，咖哩的味道和顏色都會令人覺得清爽。

材料 **4 盤份量**

- 橄欖油……3 大匙
- 需先下鍋的香料
  - 孜然籽……1 小匙
- 大蒜……2 瓣
- 洋蔥……1 個
- 無糖原味優格……100 克
- 3 種基本香料
  - 薑黃……1 小匙
  - 卡宴辣椒……1/2 小匙
  - 芫荽……1 小匙
- 鹽……1 小匙
- 熱水……100 毫升
- 椰奶……200 毫升
- 鮭魚……4 片
- 菠菜……1/2 把
- 提味香料
  - 薑……1 片

作法

切
1. 大蒜切碎、洋蔥切條狀、薑切絲。
2. 去掉菠菜的根部用熱水汆燙，撈起至篩網瀝乾水分。鮭魚切成適合入口的大小。

炒
3. 平底鍋用中火熱橄欖油，加入需先下鍋的香料拌炒至上色。
4. 加進大蒜快炒，放入洋蔥後以較強的中火炒約 5 分鐘。
5. 將火轉小，倒進優格拌勻，炒至水分收乾。加入 3 種基本香料和鹽炒約 30 分鐘。☑
6. 倒入熱水煮開，加椰奶轉小火煮約 5 分鐘。

煮
7. 將鮭魚和步驟②的菠菜放進鍋內煮熟。
8. 最後拌入提味香料即可。

☑ **咖哩基底製作秘訣**

用薑黃的黃色、優格和椰奶的白色做成淡黃色的咖哩。雖然大蒜和洋蔥已炒成焦黃，但只要縮短翻炒的時間，就可以完成色彩明亮和香味兼具的咖哩基底。

薑汁鮮蝦咖哩

生薑具有一股清香和辣味。
加入薑汁更可為這道料理提味。

材 料 **4 盤份量**

沙拉油 3 大匙

● 需先下鍋的香料
- 孜然籽 1 小匙

大蒜 2 瓣
洋蔥 1 個
青辣椒 3 根

● 3 種基本香料
- 薑黃 1/2 小匙
- 卡宴辣椒 1/2 小匙
- 芫荽 1.5 大匙

鹽 1 小匙
切片番茄 100 克
熱水 200 毫升
虎蝦 16 隻
鮮奶油 2 大匙
薑 3 片

● 提味香料
- 香菜（切大片） 適量

作 法

切

❶ 洋蔥、大蒜切碎，青辣椒切圓片。薑磨成泥，再壓出薑汁。

❷ 先將蝦子的殼剝除，切開背部取出腸泥。

炒

❸ 平底鍋用中火熱沙拉油，加入需先下鍋的香料拌炒至上色。

❹ 依照大蒜、洋蔥、青辣椒的順序放入鍋內，以較強的中火炒約 10 分鐘。在拌炒時加 50 毫升的水（食譜份量之外）進鍋內，一邊翻炒至深色。

❺ 加進番茄炒到水份幾乎收乾。把火轉小，放入 3 種基本香料和鹽一起翻炒約 30 秒。☑

煮

❻ 倒入熱水煮沸，打開鍋蓋繼續燉煮。

❼ 放入虎蝦後煮滾，拌入鮮奶油，再加進薑汁。

❽ 以中火燉約 3-4 分鐘，再加入提味香料即可。

☑ 咖哩基底製作秘訣

盡量挑戰整道料理都用大火翻炒的方式。洋蔥末的邊緣或大蒜會因此而顏色深黑。如果發現「再繼續炒會燒焦」就加水進去。之後將所有食材混合均勻並確實拌炒成焦糖色即可。

羅勒雞肉咖哩

讓泰式料理變身為印度風格。
翻炒新鮮香草是很奢華的香草使用技巧。

材料 4 盤份量

- 橄欖油……3 大匙
- ●需先下鍋的香料
  - 孜然籽……1 小匙
- 大蒜……1 瓣
- 薑……1 片
- 洋蔥……1 個
- ●3 種基本香料
  - 薑黃……1/2 小匙
  - 卡宴辣椒……1 小匙
  - 芫荽……2 小匙
- 蠔油……2 小匙
- 熱水……100 毫升
- 雞腿肉……400 克
- 紅色彩椒……4 個
- ●提味香料
  - 羅勒……12-13 片

作法

切
1. 將洋蔥切成 1 公分的塊狀。大蒜、薑切碎。紅色彩椒隨意切成小片。
2. 雞肉去皮切成 1 公分塊狀。

炒
3. 平底鍋加熱橄欖油，翻炒需先下鍋的香料至變色。
4. 大蒜、薑快炒，加入洋蔥後轉大火炒約 5 分鐘。
5. 加入 3 種基本香料和蠔油炒勻。☑

煮
6. 倒入熱水煮滾，放進雞肉後蓋上鍋蓋燉煮約 10 分鐘。
7. 放入紅色彩椒後，用大火將水分煮到蒸發。
8. 加上提味香料拌勻即可。

☑ 咖哩基底製作秘訣

因為用少量水分翻炒後再燉煮，所以不需要花太多時間拌炒洋蔥。雖然水分可以不用完全炒乾，但讓洋蔥表面呈現漂亮褐色最為理想。

檸檬雞肉咖哩

燉煮過後的檸檬香味可以凸顯咖哩的美味。
但熬煮過久會產生苦味，要多加留意。

材料 4 盤份量

紅花籽油……3 大匙
- 需先下鍋的香料
  - 紅辣椒……2 條
  - 孜然籽……1 小匙

大蒜……2 瓣
薑……2 片
香菜根……2 把
洋蔥……1 個
切塊番茄……200 克
- 基本香料
  - 薑黃……1/2 小匙
  - 芫荽……2 小匙

鹽……1 小匙
熱水……500 毫升
雞腿肉……500 克
馬鈴薯……1 大個
檸檬……1 個
蜂蜜……1 大匙
- 提味香料
  - 香菜……2 把

作法

切
1. 洋蔥切大塊，大蒜、薑切碎。馬鈴薯切成 8 等分。香菜根切碎、其他部分則隨意切片。
   檸檬切成 1 公分寬的圓片，取出種子。雞腿肉切成適合入口大小，先灑上鹽和胡椒。

炒
2. 平底鍋以中火熱油，炒紅辣椒、孜然籽到香氣釋出。
3. 放進大蒜、薑、香菜根翻炒，加洋蔥後轉大火翻炒約 7-8 分鐘至全部變成金黃色。
4. 加番茄，用中火快速翻炒拌勻。
5. 轉小火，加基本香料和鹽拌炒均勻。☑

煮
6. 倒入熱水煮沸，放進雞肉快速拌炒。
7. 放入馬鈴薯轉中火燉煮約 10 分鐘。
8. 加進檸檬和蜂蜜快煮一下，再撒上香菜即可。

☑ 咖哩基底製作秘訣

大火翻炒洋蔥到表面焦黃上色，如果快要燒焦，就再加水。以這種方式製作咖哩基底，便可以呈現近乎焦糖色的深沉色澤。把番茄的水分炒乾與香料完全融合最為理想。

燉雞翅咖哩

瀰漫著一股香料香氣的雞肉咖哩。
雖然味道與色澤溫潤柔和，但味道很耐品嘗。

材料 4 盤份量

材料	份量
紅花籽油	4 大匙
●需先下鍋的香料	
綠荳蔻	6 粒
丁香	6 粒
肉桂	5 公分
洋蔥	2 個 (400 克)
大蒜	1 瓣
薑	1 片
雞翅	700 克
◆醃漬醬料	
無糖原味優格	200 克
鹽麴	1 大匙
薑黃粉	1/4 小匙
孜然粉	1 小匙
鹽	少於 1 小匙
鮮奶油	200 毫升

作法

切
❶ 洋蔥切薄片，大蒜和薑磨泥。
❷ 在調理碗中放進雞翅、醃漬醬料和鹽，用手搓揉使之入味，放進冰箱冷藏約 2 小時，若有時間最好放 1 個晚上。

炒
❸ 平底鍋熱油，加進需先下鍋的香料，炒到釋出香氣且上色。
❹ 放入洋蔥炒到金黃色，再加入蒜、薑拌炒。☑

煮
❺ 轉小火將步驟②的雞翅連同醃漬醬料倒入鍋中翻炒均勻並燉煮。加入一半的鮮奶油後蓋上鍋蓋，用文火燉煮約 30 分鐘，之後再打開鍋蓋煮約 30 分鐘。
❻ 倒進剩下的鮮奶油拌勻並煮沸即可。

料理重點

綠荳蔻、丁香、肉桂經過翻炒之後，與肉類料理十分搭配。

☑ 咖哩基底製作秘訣

切薄片的洋蔥最好炒到略帶金黃。因為薑黃和孜然是在醃漬雞肉時使用，沒有加進咖哩基底，所以咖哩整體的顏色明亮，口感滑順。

小酒館鮮蝦咖哩

是道口感清爽，但香氣濃郁的咖哩。
醬汁過濾後，會感覺更加高雅。如果覺得麻煩可以省略。

材料 4盤份量

材料	份量
橄欖油	3大匙
需先下鍋的香料	
葫蘆巴籽（非必要）	2小撮
茴香	1小匙
洋蔥	100克（1/2個）
大蒜	1瓣
薑	1片
紅蘿蔔	1/2條
芹菜	10公分
切塊番茄	200克
3種基本香料	
薑黃	1/2小匙
卡宴辣椒	1小匙
芫荽	1大匙
鹽	1 + 1/2小匙
芥末籽	1大匙
白酒	100毫升
熱水	600毫升
鮮奶油	50毫升
起司粉	1大匙
砂糖	1大匙
明蝦	15隻（最好帶頭）
蘆筍	8根

作法

切

❶ 先將洋蔥、大蒜、薑、紅蘿蔔、芹菜切碎。剖開明蝦背部，取出腸泥。快速清洗4個蝦頭，放在網子上烤過。剝除蘆筍尾部的硬殼，切4等分。

炒

❷ 用平底鍋熱油，炒需先下鍋的香料。

❸ 放進洋蔥、大蒜、薑、紅蘿蔔、芹菜末，翻炒至金黃色。

❹ 加入3種基本香料和鹽充分翻炒。☑

❺ 加入芥末粒和白酒，讓酒精蒸發，再放蝦頭。

煮

❻ 倒入熱水煮約20分鐘。用篩網濾掉香料和蔬菜細末，留下醬汁。

❼ 放入鮮奶油、砂糖、起司粉炒勻。

❽ 放進蝦子和蘆筍煮熟即可。

☑ 咖哩基底製作秘訣

因為洋蔥和香辛料蔬菜的量很多，有耐心的用中火翻炒15分鐘是唯一的要訣。一直炒到紅蘿蔔和芹菜熟透軟爛，看不出形狀為止。白酒的酒精成分也要確實煮到蒸發為止。

蕪菁雞肉丸咖哩

燉到十分柔軟幾乎要化開的蕪菁，口感柔嫩。
與有咬勁的雞肉丸搭配成具有雙重口感的美味咖哩。

材料 4 盤份量

- 紅花籽油……3 大匙
- 需先下鍋的香料
  - 芥末籽……1/2 小撮
  - 孜然籽……1 小匙
- 大蒜……2 瓣
- 洋蔥……1 個
- 3 種基本香料
  - 薑黃……1/2 小匙
  - 卡宴辣椒……1/2 小匙
  - 芫荽……1 小匙
- 鹽……少於 1 小匙
- 優格……200 克
- 熱水……500 毫升
- 雞肉丸
  - 雞絞肉……400 克
  - 雞蛋（打散）……1 個
  - 麵粉……2 小匙
  - 薑汁……2 小匙
  - 鹽……1/4 小匙
- 蕪菁……4 個
- 鮮奶油……100 毫升

作法

切
1. 將做雞肉丸的材料放進調理碗中拌勻。
2. 大蒜切碎，洋蔥切薄片。
3. 削去蕪菁的厚皮。

炒
4. 以平底鍋熱油，放進芥末籽翻炒。
5. 當鍋中發出劈哩啪啦的聲響，放進孜然籽拌炒。
6. 放入大蒜後炒到焦黃，再加進洋蔥炒軟。
7. 放入 3 種基本香料和鹽，優格也加進鍋內炒勻。☑

煮
8. 倒入熱水煮沸，放入蕪菁和雞肉丸後以較強的中火燉煮約 20 分鐘。
9. 倒進鮮奶油後快煮即可。

☑ 咖哩基底製作秘訣

因為想製作色澤深濃且鮮豔的黃色咖哩，洋蔥翻炒到柔軟的程度即可，不用炒到焦糖色。反之紅蘿蔔要炒到焦黃，釋出香氣為止。

雙湯咖哩

在這道料理中，用帶骨肉和昆布熬煮的湯頭是個關鍵。
雞骨高湯和昆布高湯濃縮了大眾喜愛的美味菁華。

材料 4 盤份量

材料	份量
沙拉油	3 大匙
●需先下鍋的香料	
綠荳蔻	5 粒
丁香	5 粒
肉桂	5 公分
洋蔥	1 大個
大蒜	2 瓣
薑	2 片
切塊番茄	150 克
●3 種基本香料	
薑黃	1 小匙
卡宴辣椒	1 小匙
芫荽	1 大匙
鹽	1 小匙
熬高湯用的昆布	10 公分 ×2 片
水	500 毫升
椰奶	50 毫升
雞翅	12 隻
紅蘿蔔	1 小條
茄子	2 根
青椒	2 個

作法

切

❶ 菜刀與洋蔥的纖維呈直角，橫切洋蔥成薄片。昆布先浸泡在食譜份量中的水裡。大蒜、薑磨泥。紅蘿蔔切成四等分。茄子對切後在表面劃上數刀再油炸。青椒縱切成 4 等分後油炸。

炒

❷ 平底鍋以中火熱沙拉油，加進需先下鍋的香料，炒到綠荳蔻膨脹為止。

❸ 放入洋蔥，用較大的中火炒約 7-8 分鐘至金黃色。

❹ 放進大蒜、薑拌炒。

❺ 加入番茄快炒到水分蒸發。

❻ 轉小火加入 3 種基本香料和鹽炒勻。☑

煮

❼ 把浸泡在水中的昆布，連水一起倒入鍋中，大火煮開後放進雞翅。

❽ 放入紅蘿蔔，用較小的中火煮約 45 分鐘。

❾ 倒入椰奶煮約 2-3 分鐘，再放進蔬菜即可。

☑ 咖哩基底製作秘訣

洋蔥薄切後很容易煮熟。再放進事先溶於水中的大蒜末、薑末，炒到水份完全收乾，沒有蔬菜的青草味，並且與洋蔥炒勻後再放入番茄。

乾式牛肉咖哩

砂糖與醋兩者的絕妙組合。
酸酸甜甜的咖哩其實非常美味。會令人胃口大開。

材料 4盤份量

沙拉油	3大匙
需先下鍋的香料	
綠荳蔻	4粒
丁香	4粒
肉桂	5公分
洋蔥	1大個
大蒜	2瓣
薑	2片
切塊番茄	200克
3種基本香料	
薑黃	1/2小匙
卡宴辣椒	1小匙
芫荽	1大匙
鹽	1小匙
熱水	100毫升
牛肉	500克
紅蘿蔔	1/2條
醋	2小匙
砂糖	2小匙

作法

切

❶ 菜刀與洋蔥的纖維呈直角，橫切洋蔥成薄片。大蒜、薑磨泥，加入50毫升的水(食譜份量外)。

❷ 牛肉切成稍大塊狀。

炒

❸ 平底鍋以中火熱沙拉油，加進需先下鍋的香料，炒到綠荳蔻膨脹起來後加入洋蔥，拌炒約5分鐘至上色。

❹ 倒入大蒜和薑末水，炒約2-3分鐘到水分蒸發。

❺ 放進番茄炒乾。

❻ 加入3種基本香料和鹽炒約30秒。☑

煮

❼ 倒入熱水煮沸，放入醋、砂糖、牛肉、紅蘿蔔燉煮並拌勻。

❽ 蓋上鍋蓋用小火煮約1小時。常常打開鍋蓋攪拌，煮到水分充分蒸發即可。

☑ 咖哩基底製作秘訣

因為大蒜末和薑泥的份量很多，又加入熱水，含有大量水分，所以必須炒到完全沒有青草味。炒到醬料會黏到鍋鏟上就算大功告成。

花椰菜白咖哩

雖然是白色醬汁，卻有咖哩的味道。
其實做白咖哩並不那麼難喔！

材料 **4 盤份量**

材料	份量
沙拉油	2 大匙
●需先下鍋的香料	
綠荳蔻	3 粒
丁香	3 粒
肉桂	3 公分
大蒜	1 瓣
薑	1 片
洋蔥	1 小個
無糖原味優格	100 克
●基本香料	
芫荽	1 大匙
鹽	1 小匙
熱水	300 毫升
雞絞肉	150 克
白花椰菜	1/3 顆
白煮蛋	4 個
芒果酸辣醬	1 大匙
鮮奶油	100 毫升
●提味香料（用油炒過）	
沙拉油	1 大匙
孜然籽	1/2 小匙
紅辣椒	4 根

作法

切

❶ 大蒜、薑切碎，洋蔥切薄片。

❷ 白花椰菜分成小朵。

炒

❸ 用中火熱沙拉油，翻炒需先下鍋的香料。

❹ 倒入大蒜和薑快炒，加入洋蔥炒到柔軟。

❺ 轉小火，倒入優格炒到水分蒸發，加入 3 種基本香料和鹽炒勻。☑

煮

❻ 倒入熱水煮沸，放入雞絞肉、白花椰菜、水煮蛋、芒果酸辣醬，用小火蓋上鍋蓋煮約 5 分鐘，再打開鍋蓋煮約 5 分鐘。

❼ 放入鮮奶油煮 2-3 分鐘。

❽ 在鍋中熱沙拉油，翻炒孜然籽和紅辣椒，再將香料和油倒入步驟⑦的鍋中。

☑ 咖哩基底製作秘訣

減少著色香料的量，用不會著色的香料原形補足香氣。將容易煮熟的洋蔥薄片炒軟，加優格進去時要轉小火。

豬肋排咖哩

好吃到讓你無法停手的豬肉咖哩。
用較大的火煮到醬汁收乾，逼出豬肉的油脂和鮮甜美味。

材料 4 盤份量

麻油	2 大匙
● 需先下鍋的香料	
綠荳蔻	5 粒
丁香	5 粒
肉桂	5 公分
洋蔥	1/2 個
大蒜	1 瓣
薑	1 片
水	100 毫升
● 3 種基本香料	
薑黃	1/4 小匙
卡宴辣椒	1/2 小匙
孜然	1 大匙
鹽	1/2 小匙
砂糖	2 大匙
醬油	1 小匙
紹興酒	2 大匙
熱水	400 毫升
豬肋排	650 克

作法

切

1. 洋蔥切片，大蒜、薑研磨成泥，先溶於 100 毫升的水中。
2. 在豬肋排上先撒上鹽、胡椒 (食譜份量之外)。

炒

3. 在鍋中熱油，翻炒需先下鍋的香料。
4. 等綠荳蔻膨脹起來，加洋蔥進去炒到金黃色。
5. 加入步驟①的大蒜末、薑泥水，炒至水分蒸發。
6. 加入 3 種基本香料和鹽、醬油、砂糖、紹興酒炒勻。☑

煮

7. 倒入熱水煮沸，放入豬肋排。
8. 用中火煮約 60 分鐘，再用大火煮 3 分鐘至醬汁收乾即可。

☑ 咖哩基底製作秘訣

因為切薄片的洋蔥只有半個，量較少，火轉太大容易燒焦，用中火炒約 7-8 分鐘便會變成焦糖色。因為倒入醬油後更容易焦黑，所以要快速翻炒到水份去除為止。

香料豬肉咖哩應用篇

是一道結合豬肉的鮮美與香氣，
和酸甜滋味融於一體、具豐富美味的咖哩。

材料 4盤份量

豬肩腰肉	600克
◆醃漬醬汁	
洋蔥	1/2個
大蒜	2瓣
薑	2片
白酒	75毫升
孜然籽	1小匙
芥末籽	1/2小匙
蜂蜜	1大匙
去籽日式醃梅	1大個
紅花籽油	3大匙
●需先下鍋的香料	
綠荳蔻	5粒
丁香	5粒
肉桂	5公分
洋蔥	1個
切塊番茄	250克
無糖原味優格	50克
●3種基本香料	
薑黃	1/4小匙
卡宴辣椒	1小匙
芫荽	2小匙
鹽	1小匙
椰奶粉	4大匙
熱水	400毫升
●提味香料	
香菜	1把

作法

切

❶ 豬肉切成適合入口大小。用食物調理機將製作醃漬醬料的材料全部打成泥狀。放進豬肉醃漬，移至冰箱冷藏。

❷ 洋蔥切碎末，香菜切成任意大小。

炒

❸ 用中火在平底鍋中熱油，加進需先下鍋的香料，炒到綠荳蔻膨脹起來。

❹ 放進洋蔥炒至深的焦糖色。

❺ 加入番茄後將水分炒乾。

❻ 放原味優格進鍋內後再繼續翻炒。

❼ 轉小火，加入3種基本香料和鹽炒勻。☑

煮

❽ 將醃漬的豬肉連同醬汁倒入鍋中，煮到水份收乾，豬肉表面全部上色。

❾ 加進熱水和椰奶粉煮沸，轉小火燉煮約1小時。再撒上香菜快煮一下即可。

☑ 咖哩基底製作秘訣

炒至焦糖色的洋蔥是決定咖哩味道的關鍵。剛開始用大火炒，再從較強的中火慢慢調整到較小的中火，最少要翻炒個10分鐘。洋蔥的水分一定要炒乾。

香料雞肉咖哩應用篇

充分運用所有的香料使用技巧所製作的咖哩。
濃郁且深具層次的風味是其特徵。學會這道料理，就是香料達人。

材料 **4 盤份量**

- 沙拉油……3 大匙
- ●需先下鍋的香料
  - 綠荳蔻……4 粒
  - 丁香……4 粒
  - 肉桂……4 公分
- 洋蔥……1 個
- 香菜根……1 把的份量
- 大蒜……2 小匙
- 薑……2 小匙
- 芹菜……莖部 3 公分
- 切塊番茄……100 克
- 無糖原味優格……3 大匙
- ●3 種基本香料
  - 薑黃……1/2 小匙
  - 卡宴辣椒……1/2 小匙
  - 芫荽……1 大匙
- 鹽……1 小匙
- 熱水……400 毫升
- 帶骨雞肉切塊……500 克
- 蜂蜜……2 小匙
- 椰奶……100 毫升
- 香菜的莖、葉……1 把
- ●提味香料
  - 沙拉油……1 大匙
  - 孜然籽……1/2 小匙
  - 青辣椒……2 根
  - 卡宴辣椒……1/2 小匙

作法

切

❶ 洋蔥粗切，香菜根切碎，莖和葉切小段。芹菜、大蒜、薑研磨成泥。

炒

❷ 平底鍋以中火熱沙拉油，加進需先下鍋的香料，翻炒香菜的根部。

❸ 放進洋蔥用較強的中火炒約 7 分鐘。再轉中火炒約 3 分鐘。

❹ 放入大蒜、薑、芹菜翻炒。

❺ 加入番茄、原味優格後拌炒均勻。

❻ 加入 3 種基本香料和鹽，炒約 30 秒。☑

煮

❼ 加進熱水煮沸，放入蜂蜜、雞肉、椰奶用中火煮約 30 分鐘。

❽ 撒上香菜的莖和葉拌勻。

❾ 用中火以另一個平底鍋熱沙拉油，翻炒提味香料，再淋上燉煮醬汁的鍋內即可。

☑ 咖哩基底製作秘訣

要一邊注意火候大小，一邊翻炒洋蔥。香菜的根部和芹菜可以帶給咖哩基底更深一層的香氣。加優格之前，要把番茄盡量炒乾為宜。

小專欄 2

新手的料理教室
「咖哩設計」篇

我大學時代時，在澀谷的一間老印度餐廳打工，在那裡我第一次嘗到綠咖哩。餐廳的菜單上有一道全部都是綠色的菠菜咖哩，那時第一次看到像是把青綠色的顏料溶進少量水中一樣的咖哩，大吃一驚之餘，心裡想著：「這是啥玩意兒？」餐廳的人說：「是菠菜作的咖哩啊！」我半信半疑地嘗了一口，結果發現「居然這裡面有咖哩的味道！」之後，又再度陷入「這到底是啥玩意兒？」的沉思中。

那時，我認為咖哩是褐色的這件事，應該屬於一件很普通的常識。但我腦中的常識在印度料理中並不適用。不只是綠咖哩，有一段時間也很流行白咖哩。像乳白色濃湯一樣的東西，卻散發出咖哩的味道，這也為我帶來大大的震撼。

不管是對綠咖哩或白咖哩都十分著迷的我，想自己動手試著做做看。試作菠菜咖哩時，比想像中簡單，但做白咖哩時就遇到困難。「到底要用什麼食材，怎麼料理，才會呈現那樣的白色呢？」心裡冒出這樣的疑問。不用香料的話，就無法做出咖哩的味道。但如果使用香料，就會有顏色。因為香料的功用便在於增加香氣、增添色澤和提升辣度，香氣和色澤是一體的兩面。

我不放棄繼續進行多次實驗，發現了某件事情。粉末香料很容易上色，但香料原形就不容易使料理著色。雖然這看起來是再簡單也不過的事，任誰都可以想到，但那時在身邊並沒有人教我怎樣為咖哩調色。

關於這方面的書籍中，有提到薑黃粉的黃色和紅椒粉的紅色這件事。但因為我想做的是白咖哩，孜然粉和芫荽粉的褐色就變成一種困擾。乾燥葫蘆巴葉的綠色也讓我很頭痛，黑胡椒粉的黑色更是令我傷透腦筋。

相反的是葫蘆巴籽粉和綠荳蔻粉偏白的顏色，讓我如獲至寶。然後幾乎所有香料原形的部分，不管是翻炒或燉煮都不太會有顏色。

發現這項單純規則，我便盡快著手調整食譜內容。變成多加使用香料原形，粉末香料則集中使用不易上色的種類。在翻炒洋蔥時只炒到柔軟的程度，不炒到深深的焦糖色，再用椰奶和優格等白色的食材燉煮，於是便做出連作

夢時也在思考的完美白咖哩。

使用香料的話，就可以做出自己設計、各種顏色的咖哩。發現這項規律，我在這種香料遊戲中沉迷了一段時間。常想著：可以做出什麼顏色的咖哩呢？白咖哩、檸檬色咖哩、紅咖哩、褐色咖哩、深褐色咖哩，用黑芝麻或墨魚汁便可以輕鬆做出黑咖哩。

用菠菜、香草或葉菜類做成的綠色咖哩，再加上鮮奶油燉煮，就呈現淺綠色。加上薑黃的黃色，就變成黃綠色。在製作咖哩基底時，把洋蔥炒到金黃色，再加上薑黃的黃色和番茄的紅色，就會形成在表面浮上一層薄薄橘色油脂的美麗咖哩。如果用優格的白色為基底，再加上紅甜椒的紅色，便可以做出近乎粉紅色的咖哩。

對我而言，料理鍋就像是顏料的調色盤一樣，覺得格外有趣。讓我想像專業的設計師一樣，自己設計調製出各種顏色的咖哩。

就這樣子，便誕生了第一次的料理教室「咖哩設計」。但咖哩的設計並不只是在香料的顏色上。也會提到其他材料的顏色和經過加熱後會產生什麼變化。譬如說，生洋蔥雖然是白色，但加熱後會變得透明，之後還會變成淡黃、褐色和深棕色。雖然鹽是白色的，但加熱後會變得透明。水則是本身就是透明無色。

理所當然的，我們不使用色素或調味料。因為香料咖哩是種能享受食材本身風味及自體顏色變化的料理。在開始著手準備製作料理前，對成品的狀態已有明確概念的情況下，要依照此項目標來設計食譜的工作難度甚高，但如果只將重點擺在完成後的顏色上，卻意外有趣。我覺得如果能以這種方式來設計香料咖哩，一定很棒！

第3章 香料咖哩 Q&A

為了要作出美味的香料咖哩，
不可缺少 Q&A。
製作的過程中會產生許多疑問，
不能把它放著不管。
為了一一解決大家常有的問題，
我替各位準備了自我風格的回答。

關於香料的 Q&A

Q 01 哪裡有賣香料？

A 超市中有賣許多種類的香料。到百貨公司地下樓層食品相關店鋪的話，會更容易買到。最方便的方法是上網購買。我平常使用的網站是「Spin Foods」，香料都很新鮮，非常推薦。http://www.spinfoods.net（日本網站）

編按：在台灣，線上購買可參考以下網站：

☞ 咖哩香料坊 www.curry-spices.com.tw/

☞ 食醫行市集 www.goodfoodmarket.tw/

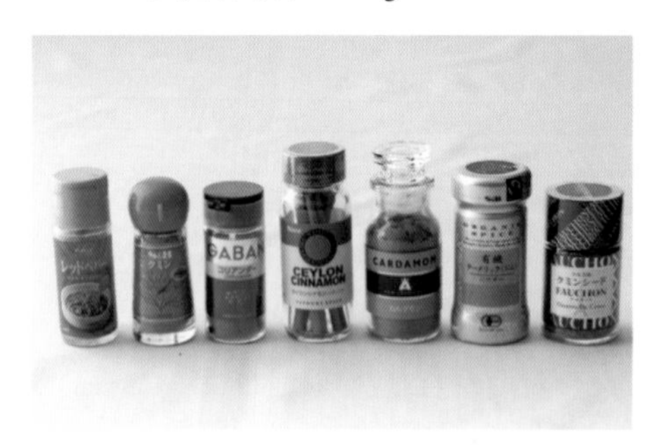

Q 02 香料咖哩和用市售咖哩塊做的咖哩有何不同？

A 香料咖哩的魅力在於清爽的口感和具刺激性的風味。咖哩塊中因為有麵粉和各種調味料，所以滑順的口感和濃郁的味道是其特徵。雖然各有優點，但如果想體驗肉類、蔬菜和海鮮等食材本身的美味，香料咖哩還是最佳選擇。

Q 03 香料要怎麼保存？

A 基本上香料要保存在密閉容器中，且存放在陰涼處。市售的香料幾乎都是裝在能密封的玻璃罐中。不過因為瓶口較窄，量匙無法伸進去，在要準確計算粉末香料的份量時，很不方便。我自己通常都會再分裝到廣口、透明的容器中。可以層層堆疊存放，十分方便。

Q 04 調配香料有規則嗎？

A 如果是基本香料，少量的薑黃和卡宴辣椒，搭配較多量的孜然或是芫荽是基本的比例。

Q 05 香料有什麼作用？

A 有增加香氣、加強辣度和增添色彩這3種功能。在這裡最重要的是香料不具有調味的功能。也就是說，即使加入香料，也不會有味道。因此，決定味道的關鍵是鹽。所以請各位把香料和鹽視為一個最佳組合。

Q 06 在道地的印度咖哩中，大概有幾種香料？

A 雖然據說香料種類本身有100種以上，但也有1000種以上的說法。一般說來，一道印度咖哩中使用的香料種類，平均在10種以下。在一般家庭裡，用5種左右的香料就可以做出大部分的咖哩。

Q 07 不管是哪種香料都會辣嗎？

A 具有辣度的香料只有卡宴辣椒、黑胡椒、芥末等極少數。不過，因為日本人對香料的認識較少，不少人覺得沒有辣味只有刺激性香氣的香料也會辣。

Q 08 香料和香草有何不同？

A 我想一般人在印象中，都覺得香料是乾燥的東西，而香草是新鮮的植物。因此，多數人認為在西方料理、泰式料理中會使用香草，印度料理中則使用香料。嚴格說來，這兩者並沒有太大的分別，我認為都屬於同類的東西。

Q 09 香料有品質好壞的分別嗎？

A 有。香料品質的差異極大。但不一定著名廠商的香料品質便較好。如果是原形香料，請從瓶外觀察選擇色澤美麗且形狀完整者。其他種類就只能買回來後，在使用時確認香氣和辣味，別無他法。

Q 10 香料是否有益於健康？

A 雖然據說對身體有益，但如果不是專門學習印度醫學的人，要配合身體的症狀下具體的香料處方，也是十分困難。

Q 11 咖哩粉和香料的不同在哪裡？

A 咖哩粉是混合了多種香料的粉末。一般市售的咖哩粉，少則10種，多則有含30幾種以上的香料。雖然是很輕鬆方便的產品，但不管用在哪種料理都會是同樣的味道，是其缺點。

Q 12 可以多加一點喜歡的香料嗎？

A 可以。只要不破壞香料間的比例，依自己的喜好增減使用份量並沒有關係。日本的咖哩愛好者喜歡綠荳蔻和丁香的香氣。增加這兩種香料的份量，也許做出的咖哩就會跟超人氣的咖哩專賣店類似。我喜歡的香料是芫荽和卡宴辣椒這兩種香氣多於辣味的香料。不管怎樣都想在咖哩中多放一點。

Q13 香料可以不只用 3 種，用 4 種的話可以嗎？

A 當然可以。在這種情況下，請不要改變薑黃和卡宴辣椒的份量，只要調整孜然和芫荽的份量即可。不建議增加或減少使用香料的總量。舉例來說，在「薑黃 1/2 小匙、卡宴辣椒 1/2 小匙、孜然 1 大匙」的食譜中，可以把「孜然 1 大匙」改成「孜然 2 小匙、芫荽 1 小匙」，因為 1 大匙等於 3 小匙的份量。

Q14 在 3 種基本香料以外，想再增加其他粉狀香料時，有推薦的種類嗎？是否有需要注意的地方？

A 在薑黃、卡宴辣椒、芫荽 3 種香料外，建議可再添加孜然，不管是粉狀或是種籽皆可。其他則建議使用本書中提到的香料。

Q15 找不到卡宴辣椒。

A 有些產品會用 Red Chili 或 Red Pepper 的名稱販售。

Q16 有沒有適合搭配肉類的香料？或是適合搭配海鮮或蔬菜的香料？

A 薑黃和卡宴辣椒適合與任何食材搭配。孜然適合搭配肉類和蔬菜。芫荽則與肉類和海鮮最合適。不過對於香氣的喜好十分主觀，請以自己的感覺為主。

Q17 不用葛拉姆馬薩拉嗎？

A 如果手邊有的話，請在起鍋前灑上一點，當作提味之用，就會成為風味絕佳的咖哩。但因為它是種具有獨特香氣的綜合香料，如果不管什麼料理都加，很可能會影響食材本身的味道，或影響其他香料的香氣。所以，我個人盡量避免太依賴葛拉姆馬薩拉。

Q18 如果在香料無法取得時，可以有其他替代品嗎？

A 有可以替代的香料，也有不可替代的香料。關於孜然粉和芫荽粉這兩者，即使用其他香料取代，也可以完成美味的咖哩，而且能享受其中香味的差異。

Q19 調味料和香料可以一起搭配嗎？

A 當然可以。正因為香料沒有調味的作用，所以適合跟多種味道做搭配。除了鹽之外，可以用醬油、味噌，或者是豆瓣醬等各種調味料一起搭配使用。

Q20 可以在完成的料理上，撒上香料後再食用嗎？

A 雖然可以，但不太建議各位這樣做。香料藉由加熱才能釋放出香氣。再者，香料透過油脂比在水中更容易釋放出迷人的香氣。因此，我建議各位與其撒在完成的料理上，還不如在料理過程中使用。

Q.21

可以自己做咖哩粉嗎？

A 當然可以。在此公開用基本香料調配咖哩粉的方法，請大家試著挑戰一下。相信大家會十分驚訝：「只用 4 種香料可以做出咖哩粉嗎？」而且，我覺得用以下配方調製而成的咖哩粉，遠比市面上販售、使用 20 或 30 種香料調配的咖哩粉來得美味許多。

材料 **4 盤份量**

薑黃	1 小匙
卡宴辣椒	1/2-1 小匙
孜然	1 大匙
芫荽	1 大匙

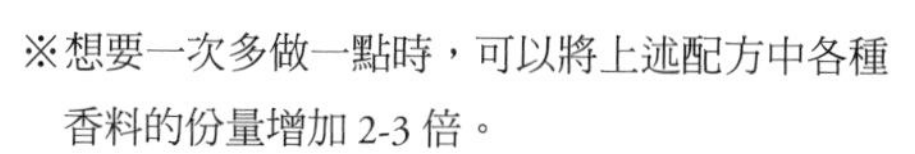

※想要一次多做一點時，可以將上述配方中各種香料的份量增加 2-3 倍。

※熟成 1 個星期左右，可以讓風味更香醇柔和。熟成 1 個月以上，香氣更會有所改變。請享受因熟成時間的增加而發生變化的香氣吧！

※即使只使用 3 種香料，也可以調配出咖哩粉。固定薑黃和卡宴辣椒的比例，加 2 大匙孜然，就變成孜然版咖哩粉；加 2 大匙芫荽，就會成為芫荽版咖哩粉。

※想調配出辣味咖哩粉，就要增加卡宴辣椒粉的量，不想那麼辣，請減少卡宴辣椒的份量即可。

作法

混合：先將各種粉末放入調理碗中攪拌均勻。

翻炒：用平底鍋開小火 - 中火加熱，一直翻炒到香氣釋出為止。

熟成：放置一段時間，待冷卻後，裝到密閉容器中保存在陰暗涼爽的地方。

Q.22 除了本書中介紹的食譜外，有其他可以使用香料的料理嗎？

A 當然有很多料理可以使用香料。除了生魚片和蛋糕之外，香料幾乎適用在所有料理上。

拉麵

作法 把熱水煮開，倒入袋裝拉麵的麵體。放進附加的調味粉和薑黃、卡宴辣椒、芫荽 3 種基本香料快煮。

心得 十分美味。袋裝拉麵裡有胡椒、七味辣椒粉這些香料，應該和香料粉很搭。我覺得醬油或豚骨拉麵可以加孜然、味噌拉麵或鹽味拉麵則適合加芫荽。

茶泡飯

作法 在碗中盛飯，撒上茶泡飯的調味料和薑黃、卡宴辣椒、孜然 3 種基本香料後，淋上熱水。

心得 十分美味。倒入熱水後的熱度，使香料的香氣大量釋放。用少量的香料，就可以體驗到不同的樂趣。

味噌湯

作法 在碗中放入市售的味噌湯包和薑黃、卡宴辣椒、芫荽 3 種基本香料，注入熱水後攪拌均勻。

心得 雖然是令人驚訝的組合，但完全沒有奇怪的感覺。也許味噌湯裡的料不同也會有差，但在本書中也有介紹豬肉味噌湯的作法，大家可以試做看看。

納豆飯

作法 把納豆放進小碗中，加入黃芥末和薑黃、卡宴辣椒、孜然 3 種基本香料後，確實攪拌至牽絲。加醬油進去後，再度攪拌，再放在白飯上。

心得 真是令人訝異的美味。像納豆這種具有獨特強烈氣味的食物，與香料非常合拍。尤其加入少量像是孜然這種具刺激性香氣的香料，更是能達到絕妙的平衡。

關於工具的 Q&A

Q 23 除了平底鍋之外，還可以用哪種鍋子？

A 用任何一種鍋子都可以製作咖哩，但單手鍋較方便使用。因為香料咖哩的前半翻炒步驟非常重要，這時單手鍋或平底鍋可以翻鍋。

Q 24 平底鍋的大小會影響翻炒或水分蒸發的時間嗎？

A 會有影響。基本上，在拌炒時鍋底面積越大，越容易導熱，也越容易把東西煮熟。相反的，在燉煮時，鍋底面積狹窄且深的鍋子，煮出來的東西會越好吃。要用一個鍋子達到所有功能，可能也些難度。

Q 25 在使用工具上，常聽到「厚底鍋」，為什麼厚一點比較好呢？

A 因為熱傳導率較佳。底部薄的鍋子也有容易燒焦的缺點。

Q 26 如果沒有量匙，可以計算香料的份量嗎？

A 在習慣使用香料以前，養成正確計算香料份量的習慣，會容易理解份量和味道之間的比例關係，較易上手。沒有量匙的話，請以一般湯匙或小茶匙代替。為了給各位做參考，在下圖中我分別用一般湯匙和小茶匙來比較 1 大匙和 1 小匙的份量。

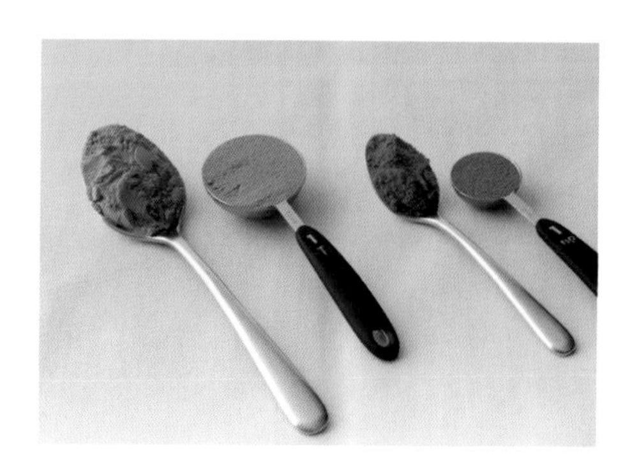

關於食材的 Q&A

Q 27 用沙拉油可以嗎？可以用奶油嗎？

A 用沙拉油也沒關係，也可以用奶油。但用奶油容易燒焦，要多加留意。在印度，人們也常使用精製過的奶油或麻油、椰子油、芥末籽油、花生油等多種油類，等習慣製作香料咖哩後，可以試著依照自己的喜好改變油的種類，這樣一來又可以享受變換不同風味的樂趣。

Q 28 雞肉不去皮可以嗎？不灑鹽和胡椒有關係嗎？

A 在印度，人們通常會把雞皮吐出來丟掉。但在日本或台灣有許多人喜歡雞皮的味道，所以雞肉帶著皮也沒有關係。而且在印度料理中的肉類通常不會先調味，先灑點調味料應該會變得比較好吃。有時間的話，就先灑上鹽和胡椒吧！

Q 29 可以用市售的泰式咖哩基底嗎？

A 雖然自己動手調配的比較好吃，但用現成的也沒有關係。

Q 30 大蒜、薑的一瓣或一片，是多大的大小呢？

A 所謂的一瓣大蒜，指的是從一整顆大蒜中剝下時的標準大小，大概是跟大拇指的第一關節部分一樣大。一片薑大約和一瓣大蒜相同大小。

Q 31 在磨薑泥時，去皮會比較好嗎？

A 不去皮也可以。但會在意沒有去皮的人也有一個好方法。用左手拿薑、右手拿湯匙，再試著用湯匙的前端把薑皮去掉。會比用菜刀削皮來得薄，而且去得乾淨。

Q 32 要怎麼區分何時用大蒜末或薑末，何時用大蒜泥或薑泥？

A 請各位記得如果想要清爽的口感和清新的香氣時，切成蒜末或薑末。希望薑蒜的氣味充分進入翻炒的洋蔥，形成濃郁口感時，要研磨成泥。成為香料咖哩達人後，會依照計畫中想要製作的咖哩顏色、口感、風味等，選擇使用切碎末或磨泥這兩種不同的手法。

Q 33 使用大量的油，料理會比較好吃嗎？

A 雖然也有程度不同的差別，基本上來說，用油量多，會讓人感覺比較美味。通常印度餐廳裡的咖哩用油量，是本書中的 2 倍以上。

Q 34 不論哪種油都可以嗎？

A 基本上植物油可以適用在本書所有食譜中。但像麻油這種具有獨特風味的油，多少會影響料理的味道時，要依自己的喜好來決定。一般來說，我通常都會用紅花籽油或橄欖油，這也因為是我個人的喜好。

Q35 有特定的優格種類嗎？有沒有推薦的呢？

A 只要是原味優格，任何品牌都可以。雖然每個品牌可能會有些不同，就請以個人喜好來決定。在確認食品成分時，如果有「100% 鮮奶製成」最好，但大多數都會是「鮮奶、奶製品」。這樣雖然也沒什麼關係，但要避開使用加糖和香料，還有其他添加物的產品。

Q36 可以不用罐頭番茄，用新鮮番茄嗎？

A 本書中因為考慮到在一整年中都要取得當季新鮮的番茄有點困難，所以在食譜中都用味道和品質十分安定的整顆番茄罐頭和番茄泥。不過在盛產期時，番茄既新鮮又美味，所以很推薦使用新鮮番茄。這種時候，要比使用罐頭番茄產品時更常翻動鍋鏟，一邊壓碎番茄，一邊記得要將水分炒乾。

Q37

請教不同種類的番茄在製作咖哩時如何區分？

A 市售番茄種類非常多。罐裝的整顆番茄或切塊番茄通常都使用義大利產的，味道有些不同，還有形狀或水分含量也有差異。可依照料理的不同來選購。

❶ 新鮮番茄：在產季時非常美味。但過了產季後，風味便會降低。建議在使用時先嘗味道再調整使用量。

❷ 整顆番茄罐頭：含有適量的果汁，適合用來做咖哩。重點在於要壓碎番茄後再拌炒。

❸ 切塊番茄罐頭：將整顆番茄切成小塊的產品。因為品質穩定，十分便於使用，所以本書食譜中都使用此類。

❹ 番茄泥罐頭：大多是在燉煮番茄後的濃縮製品。有些產品可能會加鹽。但建議選購使用 100% 番茄製成的產品。

❺ 番茄醬：除了番茄以外，還有加砂糖、鹽、蔬菜等原料進去的產品。想要讓料理味道濃郁時常會使用。

關於頭痛問題的 Q&A

Q38 請問翻炒洋蔥的技巧

A 建議用較大的中火加熱去除水分。在剛開始炒時，先不要翻動鍋鏟，像在煎洋蔥的感覺。到了料理的後半部分，漸漸開始頻繁的攪拌平底鍋中的洋蔥。要判斷「是煎得金黃的狀態，還是炒焦」的關鍵，觀察味道和香氣比只看顏色來的重要。

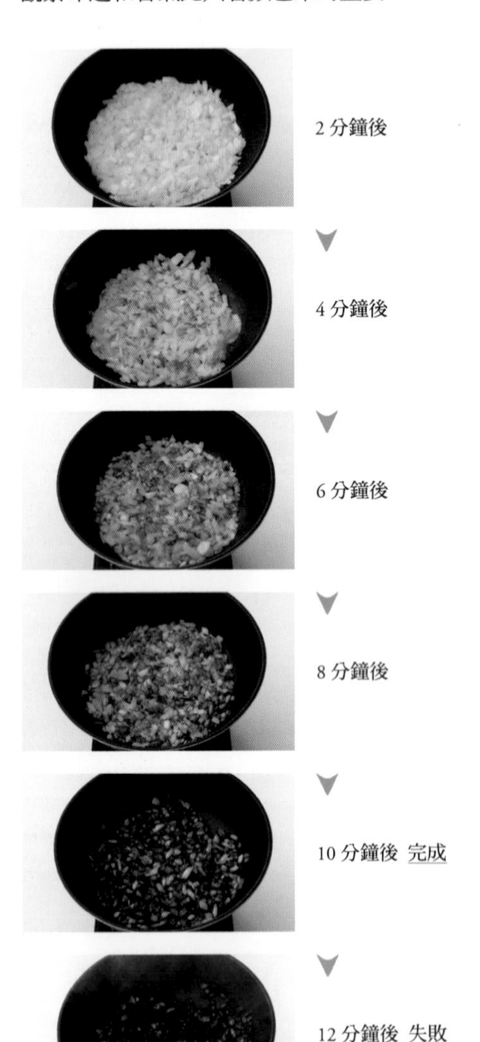

2 分鐘後

4 分鐘後

6 分鐘後

8 分鐘後

10 分鐘後 完成

12 分鐘後 失敗

Q39 洋蔥炒焦的話，要整個重來一遍嗎？

A 如果整個呈現焦黑狀態，也只能重頭再炒一次。不過，有時也會有外表像是炒焦，但其實沒有焦掉的情形。雖然很難判斷，但應該要以香味為準，不要只看外觀的顏色。發出焦臭味的話，就得重頭來過。

成功　失敗

Q40 切洋蔥末和磨薑蒜泥很花時間，有其他省時方便的方法嗎？

A 可以用食物調理機的切碎功能來切成碎末，或是用果汁機來打成泥。不過食物調理機的切碎功能會破壞食材的纖維，不太能達到理想中的大小。用果汁機來打泥，如果做的量不多也無法使用，而且清洗機器也很麻煩。我認為勤加練習刀工來加快速度是最好的方法。順便一提，市售的條狀產品我覺得不是很好吃，不怎麼建議大家使用。

Q 41 無法接受辣味的話，要怎麼調整才好？

A 辣味香料的代表就屬卡宴辣椒粉。在食譜中，也有大量加入卡宴辣椒粉的料理。這是因為我個人的喜好和想要增加香氣。不喜歡辣味的人，請減少卡宴辣椒的使用量，然後把減少的部分，以紅椒粉來補足香氣。除此之外，黑胡椒、芥末等也是有辣度的香料。

Q 42 要怎樣才能讓咖哩變辣？

A 請多加卡宴辣椒。如果是原形香料的話，請在剛開始料理時就下鍋翻炒，如果是粉末，就以使用基本香料的方式使用。

Q 43 把咖哩調得太辣，要怎麼補救？

A 對於太辣的咖哩，並沒有辦法降低它的辣度。即使加入甜味，可能可以稍微緩和一下辛辣的感覺，但也只是變得甜甜辣辣，並沒有改變辛辣的程度。或者可以在吃咖哩時加入生雞蛋攪拌、搭配牛奶、優格一起食用，找別的東西來緩和咖哩的辣味。

Q 44 不會掌握鹽份的使用量。

A 在香料咖哩中，通常建議在加入基本香料的同時，一起加鹽。如果在這裡加太多鹽，很難挽回。所以，建議請加入比預期要少一點的份量，在完成時試一下味道後再做調整。再者，食譜中的用鹽量也只是參考。顆粒的粗細、鹽份的濃度都會依鹽的種類有所改變，所以瞭解使用鹽的特徵也很重要。

Q 45 為什麼加鹽的時間點是在燉煮之前呢？

A 建議放鹽的時間點要與加基本香料同時。因為在這個時候加鹽，容易帶出香料的香氣和辣度。不只有香料如此，所有要加進鍋內的食材，一起撒上少許的鹽，就能提升食材的美味。因此，最理想的方法就是在每次加入洋蔥、番茄、肉類……等等新食材時，一一加入少許的鹽，但我想這種方法很難做到。 不管如何，在加香料時加少許的鹽，保留最後調整味道的空間是最安全便利的作法。因為加太多鹽是無法挽回的。

Q 46 咖哩太水的話要怎麼辦？

A 鹽份和水量加太多的話都無法補救。加的時候要小心，注意要少量添加。如果還是水分太多，只有拉長燉煮的時間，讓水分蒸發。

Q 47 使用多種原形香料時有順序的差別嗎？

A 越不容易煮熟的香料要越早放是基本規則。但其實沒有差太多，全都在同一時間放也可以。不過，如果用芥末籽或葫蘆巴籽，建議要比其他原形香料早點放入鍋內。

Q 48 用來醃漬肉類的優格也可以一起放進鍋內嗎？

A 優格是美味的來源，一定要一起放進去加熱。

Q 49 要怎麼切肉桂才好呢？用手折的話，無法順利折斷，在攪拌時會產生碎片。

A 肉桂依照品種和狀態的不同，硬度也有差異。難以折斷的肉桂就不要勉強，整條放進料理中。相反的，如果在折斷後產生很多碎片，隨著料理一起下肚也沒有大礙。

Q 50 香料咖哩和其他香料料理的差別在哪裡？

A 兩者的共同點是用少量的香料就可以完成。其他香料料理和咖哩的差別常因人而異。簡單來說，淋在飯上食用的是咖哩，除此之外就是各式各樣的香料料理。

Q 51 我很在意油的使用量。可以少用一點嗎？

A 本書中沙拉油的使用量，基本上是以每 4 個人的份量，用 3 大匙來計算。想要口感清爽些的話，可以試著減少 1 大匙。不過，這種時候建議使用有不沾鍋加工的平底鍋或鍋子，因為油量減少，鋁製或不銹鋼製的鍋子在炒洋蔥時容易炒焦。另外，不在意用油量的人可以再多增加一點油量，可以增加料理的口感和鮮甜。

Q 52 香料放太多的話，有補救的方法嗎？

A 香料放太多的話，很難再拿出來。要小心不要放過量。

Q 53 現在還無法掌握燉煮時間的長短。如果只有醬料，裡面沒有任何食材，加水進去煮沸後就能食用嗎？

A 如果是做沒有加料的咖哩醬，在加水後燉煮 5 分鐘左右就可以完成咖哩醬的製作過程。不過，在燉煮食材時，會從食材本身釋出高湯，讓醬料更為鮮美，沒有放任何食材進去的話，可能會讓咖哩醬的味道顯得單調乏味。

Q 54 一一放入基本香料（粉狀香料）和先混在一起再倒進去有什麼差別？

A 兩種方法皆可。在開始料理前，先分好會用到的香料將其混合在一起，可以加快料理時的速度。如果在料理中忙於計算香料的份量，可能會擔心鍋內的食材燒焦。不過要將混合好的香料一次加入鍋中時，需要將這些香料充分和油脂拌炒均勻到沒有結塊為止。

Q 55 如果要加食譜之外的香料，要占整體香料中的多少比例呢？有沒有限制或標準？

A 香料的比例和份量與個人喜好有關，所以沒有一定的標準。不過，因為食譜上重視整體的比例，想要增加香料的話，以食譜上份量的 1.2 倍最為理想。超過 1.5 倍就有可能破壞整體的風味。

Q 56 做咖哩基底時，最好能盡量去除水分嗎？留下少量的水分可以嗎？

A 雖然會依照咖哩種類的不同而有所差異，基本上還是盡量去除水分較好。做香料咖哩的主要秘訣，就是加熱和去除水分兩者。如果在翻炒或燉煮的階段，都能留意到盡量去除水分，便能做出美味的咖哩。請參考食譜中「咖哩基底製作秘訣」的圖片來試作。

Q 57 咖哩做好之後要怎麼保存呢？要冷藏或冷凍？

A 放進能夠密封保存的容器內，冷藏的話最好在一個星期內吃完。冷凍的話，除了有不適合冷凍的食材，像馬鈴薯等之外，我曾經有過放冷凍庫 3 個月後還是很好吃的經驗。解凍的時候，就等自然解凍之後，再放進鍋子裡加熱即可。因為水分蒸發，較容易煮焦，可以依照個人喜好一邊加熱，一邊加點水或熱水進去較好。經過冷藏或冷凍的咖哩，香氣已經減弱，比剛做好時來得溫和，但味道也會變得更為順口。

Q 58 肉類咖哩燉煮的時間很長，有沒有可以縮短時間的方法？

A 可以使用悶燒鍋。或者蓋上鍋蓋以小火燉煮，會比打開鍋蓋煮更容易熟透。

Q 59 製作香料咖哩時，可以不撈除浮沫嗎？

A 在放入肉類等食材燉煮時，因為浮在表面的泡沫或油脂會吸收香料的香氣或洋蔥、番茄翻炒過後的鮮味，所以不撈掉也沒有關係。不過，要是撈掉的話，咖哩的味道會變得更清爽。如果有時間，還是撈除多餘的浮沫和油脂吧！

Q 60 綠荳蔻、丁香、肉桂不適合食用，又容易咬到。可以在最後把它們挑出來嗎？

A 如果可以挑出來，也許會比較好些。但是要把他們挑出來也是一件大工程。雖然這麼說，如果不把他們燉煮到最後，在中途挑掉的話，香氣可能會不夠。所以小心注意不要咬到應該是最好的方法。

Q 61 不喜歡椰奶的人，可以用鮮奶或鮮奶油代替嗎？

A 可以代替。但整體的味道可能會有些不一樣。

Q 62 剩下的番茄罐頭或椰奶是否有其他用途？

A 番茄罐頭可以做番茄肉醬或義大利麵醬等，有許多其他的料理可以用到。這兩種都可以在燉煮肉類或蔬菜時加入，能讓湯頭變得更濃郁。雖然個人喜好不同，加進火鍋裡也很不錯。

Q 63 飯是否要煮得稍硬？

A 我不認為因為是咖哩，飯就要煮得比較硬。在印度吃的印度米較缺乏粘性，所以是粒粒分明的狀態。日本米則是以Q彈的口感為特徵。用一般煮白飯的方式來煮搭配咖哩的米飯應該也很美味。

Q 64 香料咖哩多放一個晚上是否會變得更加美味？

A 在一般印象中，隔夜咖哩的香料香氣會散去，但另外一方面則是變得更入味，味道更加濃郁。但這完全是個人的喜好，沒有一定的說法，可以嘗試一次，比較看看。

Q 65 咖哩中的香料若顯得不足，可以之後再追加嗎？

A 雖然之後可以再添加，但為了不讓粉狀香料結塊，份量上要掌握好，或者是用另一個平底鍋乾炒亦可。原形香料的話，因為要炒出香氣需要點時間，建議用另外一個平底鍋熱油，再加入香料半炒，最後再連油一起倒入原來的咖哩內拌勻。

Q 66

如果覺得好像哪裡缺了點什麼，要怎麼辦？

A 是特色分明且層次豐富的咖哩，還是味道混沌不明的咖哩，基本上跟料理過程中的火候掌控有很大的關係。如果在完成咖哩後嘗試味道時，覺得哪裡有些不足，建議可以再加些鹽，或者再多花點時間燉煮讓水分蒸發，讓味道更濃郁。或是可以試著加入本書介紹的美味秘方。

Q 67

請問能讓香料咖哩更美味的祕方有哪些？

A 有很多美味秘方可以使用。

奶油

如果用奶油代替最先加入的油種，會更加香醇濃郁。在完成咖哩時拌入奶油，也有促進乳化的作用。

牛奶

如果用牛奶代替水分，可以做出更順口的咖哩。尤其適合搭配以蔬菜為主角的咖哩。

鮮奶油

是能增加濃郁口感的乳製品代表。在完成時加入燉煮，會讓整體色澤變得更為溫和，口感則會更加濃郁。

起司粉

是在各種咖哩中帶出香濃美味的萬能調味料。能夠增添適當的濃稠度，也可以拌入米飯中。

果醬

想增加甜味或水果香氣時非常有效。有藍梅、杏桃等各種口味。

炸大蒜片

常用在代替翻炒後的洋蔥，是能增加濃郁香氣的秘密武器。先溶在熱水中後使用是個重點。

雞湯粉

粉末狀產品。帶有日本人最喜歡的動物性鮮甜美味，最適合加入咖哩。市售的現成製品中大多已經加鹽，要多加留意。

腰果

堅果類能讓咖哩產生濃醇的風味。在印度是常用的秘密武器。核桃或花生也有相同的效果。

三溫糖

甜味是一種非常誘人的味道。在燉煮的階段加一點進去，可以提升咖哩的美味。

Q 68 請問能讓香料咖哩更美味的祕方有哪些？

蜂蜜

能產生多層次的甜味，也可以增加料理的黏稠度和光澤。

麵粉

滑順的麵粉可以增加咖哩的濃稠度。與基本香料一起拌炒是一定的作法。

紅酒

紅酒有其獨特的酸味和風味，可以為咖哩增添色澤和香氣，讓人食指大動。在燉煮時或醃漬肉類時加入少量紅酒，更能發揮效果。

麻油

能帶給咖哩深具衝擊性的美味和獨特的香氣。但須要考慮到是否能與其他香料搭配。

太白粉

是個能讓咖哩變得滑順濃郁，增加色澤的好東西。建議用等量的水溶解後再慢慢倒入。

醬油

是種亞洲人喜好味道的萬能調味料。需依照醬油本身的濃淡來調整使用量。要小心不要加太多。

橄欖油

橄欖油獨特的風味能讓咖哩變得更好吃。適合搭配海鮮和蔬菜咖哩。

魚露

是泰式料理中具代表性的調味料。添加少量魚露就能有獨特的味道，是泰式咖哩中不可或缺的。

豆瓣醬

能為咖哩同時增加辣味和甜味。因為會讓咖哩的調味變成偏中式的料理，所以必須考慮到和食材的搭配性。

芒果酸辣醬

從以前開始就是美味咖哩的秘密武器。它的甜味、酸味和獨特的風味能讓咖哩的味道更具深度。

椰奶

要製造滑順且濃郁的口感時常用的食材。它特有的味道讓人愛恨分明。

用咖哩塊作的咖哩或在飯店吃的印度料理、歐風咖哩中，大量添加了深具衝擊性香氣的油脂和增加濃稠度的奶製品。和上面的這些咖哩相比，本書中的香料咖哩食譜都是以重視食材本身風味的基礎來設計。如果覺得哪裡缺少了什麼味道，可以依照個人喜好來試著添加上述各項秘密武器試試看。

Q69 咖哩基底中有什麼食材？

A 咖哩基底有無數種版本。依照食材切法的不同、香料的選擇方式和火候大小的掌握，就能呈現各式各樣的面貌。在此整理了本書中所有的咖哩基底，請見以下的一覽表。

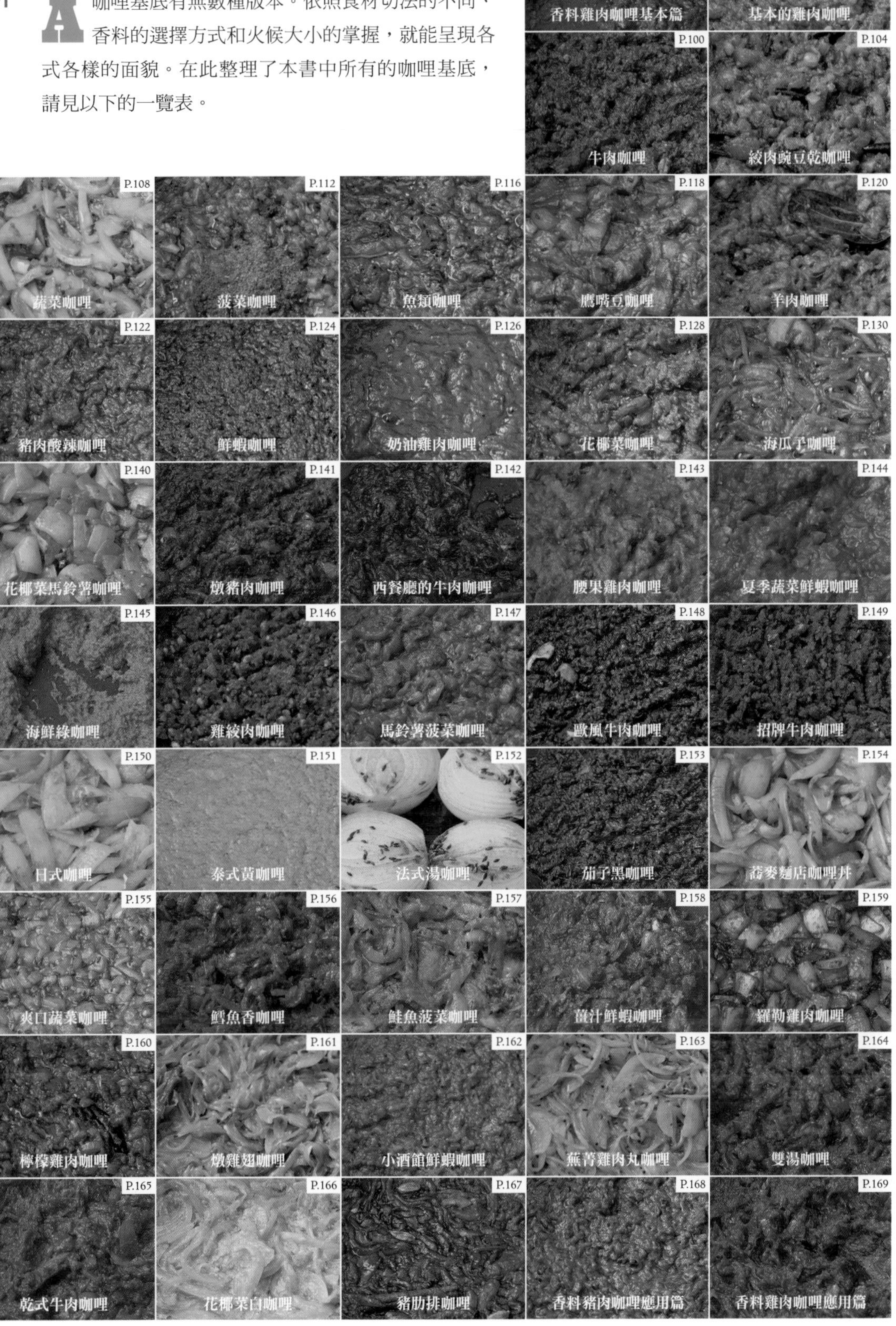

材料 4人份

材料	份量
混合絞肉	500克
洋蔥	1大個
吐司	1片
牛奶	80ml
雞蛋（打散）	1個
鹽	1小匙
●基本香料	
薑黃	1/4小匙
孜然	2小匙
紅花籽油	1大匙
番茄醬	2大匙
中濃醬	2大匙
紅酒	2大匙

作法

1. 吐司切邊後撕碎，和牛奶拌勻。洋蔥切碎，用1大匙的紅花籽油（食譜份量之外）拌勻。
2. 和鹽拌炒至稍微上色。加進基本香料炒勻。
3. 在碗中放進混合絞肉和蛋快速攪拌均勻。倒入步驟1浸泡在牛奶中的土司，再加入翻炒過的洋蔥，用手使勁攪拌揉捏使之產生黏性。再將肉泥分成4等分，整形成圓狀。以平底鍋熱紅花油煎漢堡肉，一面煎熟後翻面，蓋上鍋蓋，用較弱的中火蒸約8-10分鐘。煎好漢堡肉後，在平底鍋內加進番茄醬、中濃醬和紅酒煮到水份收乾，再均勻淋在漢堡肉上。

漢堡肉

乍見之下，是很平凡常見的美味漢堡肉。但一入口的瞬間，便充滿了香料的香氣。是充滿驚訝的漢堡肉。

材料 4人份

材料	份量
豬里肌	2片（300克）
鹽	少許
孜然	少許
麵粉	少許
紅花籽油	少許
白酒	2大匙
醬油	1小匙
高麗菜	4-5片

作法

1. 把豬里肌肉上的筋切除，兩面都撒上鹽和孜然，在室溫中放5-10分鐘。之後在肉片裹上一層薄薄的麵粉，並拍除多餘的部分。高麗菜切絲。
2. 平底鍋用較大的中火熱油約1分鐘，把肉排放進鍋內煎約1分30秒，再翻面，蓋上鍋蓋用中火煎2分鐘。
3. 取出豬肉，將高麗菜切絲擺盤。在空的鍋子裡加進白酒和醬油煮乾，淋在豬肉上。

嫩煎孜然豬排

與肉片一起煎的孜然，香氣十足。雖然只有一小撮的份量，但已能充分感受其威力。從此之後，就多用孜然鹽來代替胡椒鹽吧！

材料 4人份

材料	份量
橄欖油	1大匙
洋蔥	1個
芹菜	1/2根
紅蘿蔔	1根
馬鈴薯	2小個
番茄	1個
●基本香料	
薑黃	1/4小匙
卡宴辣椒	1/4小匙
芫荽	1大匙
鹽	少許
熱水	500毫升

作法

1. 洋蔥對切後再切成4等分。芹菜、紅蘿蔔隨意切成小塊，馬鈴薯、番茄隨意切成大塊。
2. 鍋子熱橄欖油，放進洋蔥後，用較強的火候炒到表面焦黃，然後再加入其他的蔬菜拌炒。隨後放進基本香料和鹽一起拌炒。
3. 倒入熱水以小火煮約30分鐘。

法式蔬菜清湯

法式蔬菜清湯是以長時間燉煮萃取蔬菜的精華。這類型的料理很適合與芫荽搭配。

材料 4人份

材料	份量
◆醬汁	
芝麻油	1大匙
米醋	2大匙
醬油	2小匙
蜂蜜	1小匙
洋蔥	1/8個
鯖魚切片	4大片
●基本香料	
薑黃	1/4小匙
卡宴辣椒	1/4小匙
孜然	1/2大匙

作法

1. 洋蔥切碎末，浸泡於水中，撈起捏除水分備用。再與其他製作醬汁的材料充分混合。
2. 在鯖魚片劃上數刀，撒上少許的鹽（食譜份量之外）放置一段時間，去除魚片上的水分後，將基本香料抹在鯖魚片上。
3. 鯖魚片放在烤網上烤過後，放在盤子上，再將步驟1的醬淋在魚片上即可。

烤鯖魚

煎魚的時候，最適合用孜然。先將孜然灑在魚的表面，再加以按摩使之入味後煎熟。

材料 2人份

- 豬肩腰肉 …… 300克
- 芝麻油 …… 2小匙
- ◆醬汁
  - 砂糖 …… 1大匙
  - 醬油 …… 1大匙
  - 味醂 …… 1大匙
  - 酒 …… 1大匙
  - 薑汁 …… 1大匙
- ●基本香料
  - 卡宴辣椒 …… 1/4小匙
  - 孜然 …… 1小匙

作法

1. 先將製作醬汁的材料和基本香料混合均勻。
2. 以平底鍋熱芝麻油，把豬肩腰肉兩面煎到金黃上色。拿起豬肉，吸除多餘油脂。
3. 把醬汁材料煮到水分收乾，淋在豬肉上即可。

薑汁豬肉

只要煎一下即可完成的簡單料理。雖然醬汁是最後才淋上，但只要事先把香料拌進醬汁中即可。那香味會令人胃口大開喔！

材料 3-4人份

- 紅花籽油 …… 1大匙
- 雞腿肉 …… 200克
- 鹽 …… 1小匙
- ●基本香料
  - 薑黃 …… 1/2小匙
  - 卡宴辣椒 …… 1/4小匙
  - 孜然 …… 1/4小匙
- 水 …… 200毫升
- 醬油 …… 1大匙
- 鰹魚高湯（顆粒狀） …… 1/2小匙
- 蕪菁 …… 4個
- 太白粉水 …… 4大匙

作法

1. 雞腿肉切成適合入口的大小。削去蕪菁的厚皮、切成兩半。薑切絲。
2. 鍋中熱油，翻炒雞肉和薑。再加入基本香料和鹽。
3. 倒水入鍋煮沸，放進鰹魚高湯顆粒，蓋上鍋蓋煮約20分鐘。放入蕪菁後再燉煮10分鐘，再將太白粉水倒入攪拌均勻即可。

雞肉蕪菁葛煮

日式「葛煮」的特徵即是濃稠滑順的口感和高湯的風味。與太白粉互相混合的香料會散發出柔和的香氣。

材料 4人份

鰤魚 4片
（台灣又名青甘鰺、青魽）

◆醬汁
- 砂糖 1大匙
- 醬油 2大匙
- 味醂 2大匙
- 酒 2大匙

紅花籽油 1大匙

●基本香料
- 薑黃 1/8小匙
- 卡宴辣椒 1/8小匙
- 孜然 2小匙

作法

1. 鰤魚先撒少許鹽（食譜份量外），待滲出水分後，用水快速沖洗並拭去水分。將醬汁的材料和基本香料先混合均勻。
2. 平底鍋熱油，將鰤魚煎至兩面金黃。
3. 倒入醬汁後煮到水份收乾呈黏稠狀即可。

照燒鰤魚

照燒料理是一般家庭中常見的菜色。把香料放進照燒醬中會產生什麼變化呢？讓我們來嘗試一下吧！鰤魚的味道會產生有趣的改變。

材料 4人份

雞的兩節翅 700克

◆醃漬醬料
- 醬油 2大匙
- 鹽 1小匙
- 酒 1大匙
- 大蒜末 1/4小匙

●基本香料
- 薑黃 1/8小匙
- 卡宴辣椒 1/8小匙
- 孜然 2小匙

低筋麵粉 4大匙
太白粉 4大匙
炸油 適量

作法

1. 將二節翅的關節部分切斷，一邊剝除雞肉，一邊將肉往外翻並去除細的骨頭，只留下粗的那根雞骨，弄成鬱金香狀。
2. 混合醃漬的醬汁和基本香料，並將步驟1的雞肉放入醬汁中按摩使之入味。
3. 將麵粉和太白粉混合均勻，拿步驟2的雞肉輕沾成麵衣，放入180度的油鍋中油炸即可。

日式炸雞

一般日式炸雞的作法都是先醃漬過後再油炸。這裡的作法也很簡單，只是在醃漬醬料中加入香料而已，就可以讓平凡的日式炸雞變身為充滿迷人香氣的香料炸雞。

材料 4人份

- 橄欖油……4大匙
- 紅辣椒……2根
- 大蒜……1瓣
- 基本香料
  - 薑黃……1/2小匙
  - 芫荽……1小匙
- 鹽……少許
- 茄子……1條
- 紅色彩椒……1小個
- 黃色彩椒……1小個
- 櫛瓜……1條
- 番茄……2個

作法

1. 去除茄子和彩椒的蒂頭後，切成適合入口的大小。櫛瓜切成1公分寬的圓薄片。番茄隨意切成較大塊狀，大蒜拍碎。
2. 中火熱橄欖油，放入大蒜和紅辣椒（種子不須去掉），炒到大蒜焦黃後，放入除了番茄之外所有的蔬菜，和橄欖油拌炒均勻。再加進基本香料和鹽翻炒。
3. 放入番茄快炒，蓋上鍋蓋用小火燉煮約20分鐘。

普羅旺斯雜燴 (Ratatouille)

芫荽在燉煮蔬菜類料理中也很好用。此料理中利用2種紅椒粉的香氣，讓蔬菜更為美味。

材料 4人份

- 帶骨雞腿肉……750公克
- 醃漬醬汁
  - 番茄泥……1大匙
  - 原味無糖優格……50公克
  - 大蒜泥……1/2小匙
  - 薑泥……1/2小匙
  - 鹽……1/2小匙
  - 檸檬汁……2小匙
- 基本香料
  - 薑黃……1/8小匙
  - 卡宴辣椒……1/4小匙
  - 芫荽……1/2小匙

作法

1. 切斷帶骨雞腿肉的關節，剁成容易食用的大小。
2. 將醃漬醬汁和基本香料充分拌勻，放入雞肉，在冷藏庫中醃漬熟成2小時左右。
3. 用烤箱以250度的溫度烤15分鐘。

番茄風味坦都里烤雞

在印度將使用坦都里石窯燒烤而成的雞肉，稱為坦都里烤雞。以優格和香料醃漬的雞肉，具有誘人香氣且柔嫩多汁。

材料 2-3 人份

- 青椒……5 個
- 南瓜……1/6 個
- 茄子……2 條
- ◆麵衣
  - 麵粉……80 克
  - 鹽……1/2 小匙
  - 泡打粉……1/2 小匙
  - 水……100 毫升
- ●基本香料
  - 薑黃……1/2 小匙
  - 孜然籽……1 小匙
- 炸油……適量

作法

1. 將製作麵衣的材料與基本香料混合，放置約 30 分鐘。
2. 青椒縱切成 4 等分、南瓜切成 0.5 公分寬的薄片、茄子斜切成 1 公分寬的片狀，再分別裹上麵衣。
3. 用 180 度的油溫油炸。

印度炸蔬菜 (Pakora)

所謂的 Pakora，是印度版的天婦羅。輕咬裹上一層薄薄麵衣的酥炸野菜時，嘴裡突然迸出孜然籽的香氣，是非常新鮮的味覺體驗。那個味道一定會讓你愛不釋手。

材料 2-3 人份

- 紅花籽油……2 大匙
- 茄子……3 根
- 鹽……少許
- ●基本香料
  - 薑黃……1/4 小匙
  - 卡宴辣椒……1/2 小匙

作法

1. 把茄子切成寬 3 公分的薄片，在切口斷面處抹上鹽巴。
2. 拭去茄子切片處滲出的水分，撒上基本香料。
3. 平底鍋熱油，把茄子排在鍋中用中火煎約 1 分鐘。翻面後蓋上鍋蓋，再悶約 1 分鐘左右。打開鍋蓋煎到讓水分蒸發即可。

香煎茄子

在印度加爾各答有一種用大量的油酥炸茄子的料理。在此嘗試使用香料代替大量的油脂，是少油版的印度香煎茄子。

材料 3-4 人份

- 馬鈴薯 …… 2 個
- 水煮蛋 …… 2 個
- 基本香料
  - 薑黃 …… 1/8 小匙
  - 卡宴辣椒 …… 1/8 小匙
  - 孜然籽 …… 1/8 小匙
- 鹽 …… 1/2 小匙
- 巴西利 …… 適量
- 美乃滋 …… 3 大匙

作法

1. 水煮馬鈴薯，趁還有熱度時稍微壓碎，撒上基本香料和鹽。水煮蛋也要先壓碎。
2. 將美乃滋、巴西利放入碗中拌勻即可。

馬鈴薯沙拉

印度料理中也常使用馬鈴薯，非常適合與香料搭配。這道在日本大受歡迎的小菜加入香料之後，就成了充滿誘人香氣的一品小菜。

材料 4 人份

- 橄欖油 …… 2 大匙
- 紅蘿蔔 …… 2 根
- 孜然籽 …… 1/2 小匙
- 基本香料
  - 薑黃 …… 1/4 小匙
  - 卡宴辣椒 …… 1/4 小匙
- 沾醬
  - 橘子汁 …… 1/2 個
  - 芥末籽 …… 1/2 小匙
  - 鹽 …… 少許

作法

1. 將紅蘿蔔切絲，先撒上少許鹽（食譜份量外）放置一段時間，再擠出水分。再將孜然籽放進平底鍋中乾炒。
2. 製作沾醬。將步驟 1 的孜然籽、基本香料、作沾醬的材料放進調理碗裡，用攪拌棒打勻，一邊加入少量的橄欖油，一邊攪拌。
3. 把步驟 1 的紅蘿蔔拌入步驟 2 的沾醬中即可。

紅蘿蔔沙拉

雖是法國常見的沙拉，但只要一加入印度料理的香料精華，便搖身一變為嶄新的味覺享受。

材料 2-3 人份

- 紅花籽油 …… 1 大匙
- 黃秋葵 …… 2 包
- 紅辣椒 …… 4 根
- 基本香料
  - 薑黃 …… 1/8 小匙
  - 孜然 …… 1/2 小匙
- 鹽 …… 少許
- 檸檬汁 …… 少許

作法

1. 去除黃秋葵蒂頭，在黃秋葵上劃上數道刀痕。
2. 平底鍋用中火熱紅花油，加入紅辣椒炒至表面全變為黑色。放入黃秋葵拌炒，再加入基本香料和鹽翻炒均勻。
3. 淋上檸檬汁，快速翻炒即可。

炒黃秋葵

充分運用紅辣椒獨特香氣和具衝擊性辣味製作而成的料理。黃秋葵在印度也是常見的蔬菜，與孜然的香氣十分搭配。是可以享受黃秋葵完整外形及本身口感的一道小菜。

材料 2-3 人份

- 紅花籽油 …… 2 大匙
- 孜然籽 …… 1/2 小匙
- 大蒜 …… 1 片
- 薑 …… 1 片
- 基本香料
  - 薑黃 …… 1/4 小匙
  - 卡宴辣椒 …… 1/8 小匙
- 香菇 …… 10 小朵
- 褐色蘑菇 …… 12 小朵
- 鹽 …… 少許
- 檸檬汁 …… 少許

作法

1. 把香菇和蘑菇切成較小的塊狀。拍碎大蒜和薑。
2. 平底鍋熱油，炒孜然籽。放入大蒜、薑翻炒到釋出香氣時，先放香菇進鍋內拌炒，再放蘑菇，並加鹽和基本香料翻炒。
3. 擠上檸檬汁後翻炒即可。

炒雙菇

將滋味豐富鮮美的香菇和洋菇，加上香料拌炒，便完成了香氣迷人的一道小菜。請盡情享受濃縮在檸檬汁中的美味菇類精華。

材料 3-4 人份

- 番茄 …… 2 個
- 酪梨 …… 1 個
- 莫扎瑞拉起司 …… 1 個
- 洋蔥 …… 1/4 個
- 基本香料
  - 薑黃 …… 1/8 小匙
  - 孜然 …… 1/4 小匙
- 橄欖油 …… 2 小匙
- 鹽 …… 少許
- 米醋 …… 1 大匙

作法

1. 將番茄、酪梨、莫扎瑞拉起司切成寬 1 公分的薄片。洋蔥切碎末。
2. 平底鍋熱沙拉油，放入洋蔥炒到金黃色後，再加基本香料和鹽、米醋一起拌炒。
3. 將步驟 1 材料裝盤，淋上步驟 2 的醬汁即可。

義式蕃茄起司沙拉 (Caprese)

將義大利料理中的沙拉再自行搭配組合出的創意小菜。起司和番茄兩種食材在印度料理中也很常見。請各位充分體驗起司、番茄兩者在加上香料後所產生的絕佳美味。

材料 3-4 人份

- 菠菜 …… 1 把
- 橄欖油 …… 1 大匙
- 大蒜 …… 1 瓣
- 基本香料
  - 孜然 …… 1/2 小匙
- 紅辣椒 …… 2 根
- 鹽 …… 少許

作法

1. 拍碎大蒜。把紅辣椒折成兩半，取出辣椒子。用鹽水煮過菠菜後，泡入冷水中，瀝乾水份後切成 5 公分的長度。
2. 平底鍋熱橄欖油，炒紅辣椒和大蒜。
3. 放進基本香料拌炒，加入步驟 1 的菠菜快速翻炒，再以鹽調味。

香炒菠菜

深綠色的菠菜是讓人食指大動的一道美味，加入些許香料後會散發出微微香氣。與風味濃郁的肉類等料理一起搭配時，便能襯托出菠菜的特色。

材 料 2 人份

義大利麵（直徑 1.4 公厘）……160 克
洋蔥……1/2 個
火腿（塊狀）……120 公克
蘑菇……5 個
青椒……2 個
帕馬森乾酪……30 公克
奶油……10 公克
鹽……少許
橄欖油……2 大匙
● 基本香料
薑黃……1/8 小匙
卡宴辣椒……1/2 小匙
孜然……1 小匙
番茄醬……3 大匙

作 法

1. 把義大利麵煮熟。洋蔥、蘑菇切絲。青椒去蒂頭和種子後切絲。火腿切成 1 公分厚的條狀。
2. 平底鍋熱橄欖油，用中火炒軟洋蔥。放入火腿拌炒，再加入蘑菇繼續炒。接著放入青椒，再加基本香料和番茄醬充分翻炒均匀後，加 5 大匙煮義大利麵的水（食譜份量外）稀釋。
3. 瀝乾煮好的義大利麵放入鍋中，加入帕馬森乾酪翻炒後，拌入奶油即可。

拿坡里義大利麵

拿波里義大利麵是以番茄醬充分翻炒義大利麵的料理。在翻炒時加入香料，會產生強烈的香氣。

材 料 2 人份

義大利麵（直徑 1.6 公厘）……160 克
鴻喜菇……150 公克
橄欖油……2 大匙
大蒜……1 瓣
紅辣椒（去籽）……4 條
● 基本香料
薑黃……1/8 小匙
孜然……1/4 小匙
白酒……30 毫升
巴西利……適量

作 法

1. 大蒜切薄片，將鴻喜菇一一分成小朵。去掉紅辣椒的種子、切碎巴西利。煮熟義大利麵，但尚留麵心。
2. 平底鍋熱橄欖油，放進大蒜、紅辣椒，小火炒到大蒜微焦後取出。放入鴻喜菇、鹽、基本香料翻炒。
3. 倒入白酒與步驟 1 的義大利麵混合，撒上巴西利和大蒜即可。

蒜香辣椒鴻禧菇義大利麵

因為蒜香辣椒義大利麵 (Peperoncino) 是種以油拌炒麵體的簡單料理，所以香料的魅力很容易有所發揮。試著在大蒜、紅辣椒的香氣上，再添加些新鮮的香味吧！

材料 2 人份

甘塩鮭切片……1 片
紅辣椒……1 根
蔥……10 根
基本香料
- 薑黃……1/8 小匙
- 孜然……1/8 小匙

鹽……少許
炒芝麻……1/2 小匙
白飯……2 人份

作法

1. 蔥切碎，將紅辣椒對切、取出種子。在甘塩鮭魚片上灑鹽，稍微放一段時間，再抹上基本香料。
2. 烤步驟 1 的鮭魚片，並去掉魚骨和皮後，將魚肉取下，用菜刀輕輕剁碎。
3. 以平底鍋轉大火煎紅辣椒和辣椒籽、蔥和炒芝麻。倒入步驟 2 的鮭魚碎肉翻炒後，撒在白飯上即可。

鮭魚香鬆蓋飯

是一種可以讓人比平常多吃很多飯的香料拌飯香鬆。在翻炒香料後再加料拌炒，除了釋出大量香氣外，還有炒製過後的焦香，讓人食指大動。

材料 2 人份

紅花籽油……2 大匙
蛋……1 個
白飯（微溫）……400 公克
蔥……15 公分
甜玉米粒（罐頭）……50 公克
酒……1 大匙
鹽……少許
基本香料
- 薑黃……1/4 小匙
- 卡宴辣椒……1/8 小匙
- 孜然……1/2 小匙

醬油……少許

作法

1. 蔥切碎。把酒和基本香料加入蛋液中充分打勻。
2. 中華炒鍋熱鍋後關火，等鍋子涼一點時倒入紅花籽油，再轉大火放入蛋液。把飯倒入鍋內，用大火炒到粒粒分明為止。
3. 用鹽調味，放入蔥和甜玉米粒快炒，再放醬油即可。

玉米炒飯

這是份可以感受玉米甘甜味道的炒飯。因為添加了香辛料具刺激性的香氣，更容易帶出雞蛋溫和的美味與玉米粒的甘甜。

材料 3-4 人份

豬五花肉(塊)……150 克
白蘿蔔……1/6 根
紅蘿蔔……1 小根
牛蒡……80 克
香菇……3 朵
長蔥……1 根
蒟蒻……100 克
昆布(10 公分塊狀)……1 片
味噌……80-100 克
沙拉油……1 大匙
鹽……少許
●基本香料
　薑黃……1/8 小匙
　卡宴辣椒……1/8 小匙
　芫荽……1 小匙
水……1000 毫升

作法

1. 把紅蘿蔔、白蘿蔔對半縱切後，再縱切一次，之後再切薄片(日文中稱此為切成銀杏葉形)。削去牛蒡外皮後切圓片，泡在水中。香菇切絲，長蔥斜切。用湯匙將蒟蒻分成塊狀，淋上熱水。豬五花肉切成適合食用的大小。
2. 熱沙拉油，放入紅蘿蔔、白蘿蔔、牛蒡、香菇、蒟蒻稍微翻炒後，加進基本香料和鹽炒勻。
3. 把水、昆布、豬肉和青蔥的部分放入鍋內煮沸，撈除油脂和浮沫後再用中火燉約 15 分鐘。最後再放味噌和蔥白進去快煮過後即可。

豬肉味噌湯

在豬肉味噌湯裡放香料？很令人驚訝吧！在豬肉味噌湯裡灑上七味辣椒粉，可以讓香氣更豐富。就把香料當成「三味辣椒粉」，嘗試一下吧！

材料 4 人份

奶油……15 克
洋蔥……1/2 小個
南瓜……1/4 個
番茄……1/2 個
●基本香料
　薑黃……1/4 小匙
　卡宴辣椒……1/4 小匙
鹽……略多於 1/2 小匙
水……400 毫升
巴西利……適量

作法

1. 洋蔥切絲，挑去南瓜種子和南瓜囊後削皮，隨意切成小塊。番茄切塊，巴西利切碎。
2. 鍋子加熱奶油，一一放入洋蔥、南瓜、番茄翻炒。
3. 加入基本香料和鹽快炒，倒入水後轉小火，煮到南瓜變軟。待南瓜冷卻後用食物調理機打成泥狀，再倒回鍋中加熱，撒上巴西利即可。

南瓜濃湯

這是個有美麗橙色的南瓜濃湯！薑黃的黃色和卡宴辣椒的紅色把南瓜的色彩妝點得更鮮豔，更可襯出南瓜的鮮甜。

材料 4人份

- 紅花籽油……2大匙
- 蘿蔔乾絲……30公克
- 紅蘿蔔……1根
- 炸豆皮……2片
- 高湯……300毫升
- ●基本香料
  - 薑黃……1/8小匙
  - 卡宴辣椒……1/8小匙
  - 芫荽……1/2小匙
- 砂糖……1大匙
- 醬油……1大匙

作法

1. 把蘿蔔乾絲快速清洗過後，用剛好淹過乾絲的水量浸泡約15分鐘。待乾絲變軟，用手撈起，輕輕擠乾水分，切成適當長度。紅蘿蔔削皮，切成厚約0.5公分的銀杏葉型狀。炸豆皮用熱水去油後，切成適合食用的大小。
2. 起油鍋，放入紅蘿蔔拌炒，加進基本香料拌勻後，再放蘿蔔乾絲一起翻炒。
3. 放入切好的炸豆皮、高湯進鍋中煮滾，加砂糖和醬油後，蓋上鍋蓋，用中火燉煮約20分鐘即可，燉煮時要經常攪拌。

蘿蔔乾絲

或許有人覺得蘿蔔乾絲加香料進去，實在很奇怪。不過，如果把它當成灑七味粉一樣的感覺，讓小菜多增加些特殊風味，應該就會產生美味的想像。

材料 2-3人份

- 茄子……6根
- 橄欖油……2大匙
- ●基本香料
  - 薑黃……1/8小匙
  - 卡宴辣椒……1/8小匙
  - 孜然……1/2小匙
- 鹽……少許
- 檸檬……少許
- 巴西利……少許

作法

1. 切碎巴西利。除了茄子以外的材料都放進調理碗中攪拌均勻。
2. 烤好茄子後去皮。
3. 將步驟1和步驟2混合均勻即可。

涼拌烤茄子

茄子柔軟的口感和香料刺激性的香氣十分合拍，是一種全新的味覺體驗。是道適合搭配任何料理的萬用小菜。

材料 2人份

- 麻油……100毫升
- 紅花籽油……50毫升
- 薑……2片
- 長蔥……1/3根
- 基本香料
  - 薑黃……1/4小匙
  - 卡宴辣椒……2大匙
  - 孜然……1小匙
- 鹽……1小匙

作法

1. 先把薑、長蔥切碎。
2. 在調理碗中放入基本香料，加2大匙的水（食譜份量外）進去充分拌勻。
3. 平底鍋熱麻油和紅花籽油，放薑、長蔥和鹽炒至金黃色，再連油一起倒入步驟2的調理碗中攪拌均勻即可。

食用辣油

香料和油脂是一對絕佳拍檔。因為除了基本香料之外，帶有強烈香氣的蔬菜也一起翻炒，能增加整體料理的香氣。因為裡面有加鹽，是個任何料理都能使用的萬能調味料。

材料 4人份

- 紅花籽油……1大匙
- 大蒜……1瓣
- 薑……1片
- 長蔥……1/2根
- 混合絞肉……200公克
- 基本香料
  - 薑黃……1/8小匙
  - 卡宴辣椒……1/2大匙
  - 孜然……1小匙
- 鹽……1/2小匙
- 味噌……100公克
- 砂糖……1小匙
- 味醂……2大匙
- 醬油……1大匙
- 麻油……1小匙

作法

1. 切碎大蒜、薑和長蔥。
2. 平底鍋熱紅花油，放入大蒜、薑炒到釋出香氣。再放進長蔥炒軟。
3. 按照順序一一加入混合絞肉、基本香料、鹽、味噌、砂糖和味醂。
4. 淋上醬油快速炒勻，再拌入麻油即可。

味噌絞肉

香料味噌絞肉是適合配飯下酒的小菜。十分不可思議的是味噌和香料的味道非常合拍。因為孜然的香氣讓絞肉更加美味。

小專欄 3

新手的料理教室
「不用眼睛作咖哩」篇

我常說道，為了要做出美味的咖哩，應該要用眼睛仔細觀察、用鼻子仔細辨別氣味、用耳朵仔細分辨料理時食材所發出的聲音。尤其是在料理教室的這種場合，我會在學生面前一邊實際操作示範，一邊說明著「這裡要多加注意」、「這個氣味要仔細分辨」、「發出這種聲音，火就要轉小」。我認為最重要的，就是詳細觀察鍋子裡面的食材目前處於什麼狀態。

某天，我接到一個很特別的訊息，是一個專為視障者舉辦的料理教室邀請。參加的學員都屬全盲或弱視的視覺障礙人士。當時我無法馬上瞭解這到底是怎麼一回事，因為這是要教眼睛看不見的人如何做咖哩……雖然我那時回答「那我們來試試看吧！」但我完全不知道該怎麼辦才好而傷透腦筋。

我先在自己家裡試著蒙上眼睛來做咖哩。你覺得會成功嗎？怎麼可能？先熱油，加進香料原形。雖然看不見孜然籽是否已經煎到上色，但因為總是發出相同的聲音，所以在差不多的時間放進洋蔥，從那時開始翻炒。剛開始雖然用大火，但困難的是之後要漸漸調成小火。我用左手握著單手鍋並開始翻鍋，這一切的動作都和平常一樣。但因為看不見瓦斯爐的位置，不知道要把鍋子擺在哪裡，也不知道鍋子是否擺在爐火的正中央。

洋蔥翻炒的狀態，雖然可以從聲音和香氣來分辨，但還是會擔心，因為不知道洋蔥在鍋子裡的哪個位置。我用木鏟敲了敲鍋底，讓洋蔥平均散布在鍋子裡面。自己似乎可以克服眼睛看不見的狀態來做咖哩了，但又好像沒做出個像樣的東西。好想看啊！好想看看鍋子裡面的食材變成什麼樣子！我試著忍耐了一下，但還是沒辦法抑制住想看的情緒，結果不到 5 分鐘，我就把蒙著眼睛的面罩拿下。

這樣一來，我還有辦法擔任料理教室的老師嗎？真正的學生應該是我吧？後來，試著和工作人員討論這個問題，對方說會有習慣與視障者溝通的志工協助，所以無需太過擔心。這樣子的話，我只要像平常一樣教導學員使用香料製作咖哩的技巧即可。因為以前沒有過這種經驗，所以感到擔心，但還是試試看吧！

就在這樣之下，第一次的新手料理教室

「不用眼睛作咖哩」便開始了！參加的學員聚集在位於澀谷區建築中的料理實習室裡。可以感覺得出來每個人的心情都很興奮。我像平常一樣，向大家說明製作香料咖哩的既定順序後，便開始實際操作。參加的學員分成好幾個小組，開始翻炒洋蔥。因為眼睛看不見，所以學員們對料理的氣味和聲音非常敏感。對洋蔥香氣和翻炒聲音的變化都仔細地提出問題，彼此交換意見討論。

我認為在剛開始翻炒洋蔥時應該要用大火的這件事，這次也一樣如此。雖然擔心可能會炒焦，但如果不教大家正確的作法，反而對大家不好。結果，沒過多久，各小組就開始有狀況發生了。切碎的洋蔥末黏在鍋子內側，已經開始有燒焦的跡象。我便馬上拿著裝了水的量杯在各小組之間穿梭，挽救這種情形。

結果，所有小組的炒洋蔥都沒有燒焦。但老實說，在我有看到的小組中，也有發生我認為翻炒的洋蔥應該已經燒焦到無法挽回的地步。但即使如此，試吃學員們最後完成的咖哩時，沒有一組的咖哩留有焦味，大家的成品都非常美味。原來，發現洋蔥燒焦到那樣的程度也沒關係是這次的一大收穫。

從那次咖哩教室到現在也有 2 年左右了。我又接到第 2 次「不用眼睛作咖哩」的邀請。這次的主題不是製作咖哩，而是調配香料的工作坊。因為也有非視障者參加，所以全部為學員們準備了眼罩。我覺得用鼻子嗅出香料的香氣，然後在大腦中輸入香料的特徵和名稱、還有其他資訊，這樣的作業流程最適合不用眼睛。

在工作坊中，所有學員都用鼻子靠近香料，仔細分辨香料的香氣。在工作坊結束前，大家都依照自我喜好調配了綜合香料，滿心歡喜的結束課程且盛況空前。香料的魅力在其香氣。不依賴視覺，反而能讓嗅覺更加靈敏，更增添了創造力。如果因為這樣，可以做出比之前更好吃的香料咖哩，也是很棒的一件事。

The Heritage of Indian Tea
D.K. TAKNET
SPICES roots & fruits JILL NORMAN
Herbs&Spices
the cook's reference
THE CINNAMON CLUB COOKBOOK IQBAL WAHHAB & VIVEK SI
indian essence ATUL KOCHHA
Technology of Indian Milk Products
Christine Manfield
TASTING INDIA
TANDOOR Ranjit Rai
rasoi: new indian kitchen vineet bhatia
ALFORD
DUGUID
MANGOES & CURRY LEAVES
CULINARY TRAVELS THROUGH THE GREAT SUBCONTINENT
ARTISAN

為什麼香料咖哩那麼迷人？

要作出美味的香料咖哩，
就得知道它的魅力來自何處。
讓我們的思緒馳騁在香料悠久的歷史中，
聽聽專業料理人對香料的想法，
再吸收一點關於香料療效的知識，
這樣一定會變得更喜歡香料咖哩。

香料的歷史

在許久以前，香料曾經與黃金一樣是十分昂貴的稀有物品。印象中，在世界歷史的課程裡也聽過這樣的說法。尤其是黑胡椒、丁香和肉桂，似乎更為珍貴。是能治癒身體疾病的良藥，也是能釋放壓力的催情藥物，同時也是讓人陶醉於香氣之中的奢侈品，所以香料的地位崇高，非常受到重視，國家之間也常為了香料的問題不斷發生燒殺擄掠的戰爭。這從現代人的角度看來真是難以置信！在腦海中的某一角落，只依稀記得有些知名的探險家、歐洲諸國的艦隊名、戰爭的年號和名稱，曾經與印度這個國家和東南亞諸國的島嶼有過一些連結。

想到從前歐洲各國的人們為了搶奪香料而殺紅了眼，得到香料後就興奮異常、沉醉於香氣之下的舉動，便覺得日本的香料文化還未臻成熟。香料在日本雖然沒有那麼昂貴，但絕大多數人不會大量搜購並在日常生活中使用。到超市的香料販售區，品項和擺設也不會常有變化，看不出大家有時常購買消費的跡象。為了踏出只有在肉類上撒胡椒鹽的這一步，而試著製作香料咖哩，我覺得也是個很不錯的挑戰。

瞭解香料的歷史，讓自己的思緒馳騁在歷史長流中，是件十分愉快的事。多瞭解香料的歷史，便會對香料產生更大的興趣。西方因為想要尋找香料，結果發現了新大陸、貿易活動也因此活絡，打開了與異國文化交流的大門。香料一定是讓整個世界發生巨烈改變的關鍵之一。從以下開始發展的一系列香料物語，是我依照一定程度的歷史事實，蒐集相關資訊，再結合自己的心得和疑問，馳騁想像撰寫而成。與香料有密切關係的各個登場人物，到底在想些什麼？做了些什麼事？在那之後，香料又變得如何？請各位務必一起跟我踏入這個歷史與想像的香料世界。

香料是調味料，同時也是催情藥？

香料曾經有一段過去，人們不停地為它瘋狂，不惜冒著生命危險都要搶奪占有，並藉此發現了新道路、新航線，甚至是新大陸，同時也不斷產生壓榨和殺戮，國家間也是戰亂頻仍。香料在意料之外參與了改變世界歷史的一個角色，它便是擁有此等極大魅力的珍貴產物。現在在超市的一角看到香料區中的陳列方式一直保持不變，看似不曾有人拿起或購買。見到這些瓶瓶罐罐，便不禁想要喃喃自語：「那些東西真的曾經讓整個世界瘋狂嗎？」

從古希臘時代開始，香料就非常流行。一直到中世紀很長的一段時間，香料屬於奢侈品，也是富貴和權力的象徵。它的價值曾經可與黃金相比，實在很驚人。在中世紀的威尼斯，還把象徵巨大財富的黑色黃金「黑胡椒」，稱為「天堂的種子」。現在，應該不會有人想要用金條來交換裝滿香料的麻布袋吧？但是，如果把香料當作藥品的話，情況就會有點改變。從前的人們深信香料具有療效。像肉桂可抑制傷口發炎、綠荳蔻可治療泌尿系統的疾病和去除脂肪。丁香則因為可以促進唾液分泌，增進消化吸收的功能，所以許多人會咀嚼丁香。芥末是因為可以解毒，所以受到人們的重視。古羅馬時期有名的希臘醫生與藥理學家迪奧科里斯(Dioscorides)在《藥物論》中也提到番紅花的療效。

「可以讓臉色紅潤，與葡萄酒一起飲用，可有效舒緩宿醉。加在母奶中塗上眼睛，可舒緩眼睛充血的症狀……它同時也是壯陽藥，塗在身上可緩和鏈球菌引發的細菌感染，對耳部的發炎也有療效。」

書中對番紅花的敘述就如同萬能仙丹一樣。且當時一流的植物學家把香料作為研究對象，便是當時香料受到大眾關注的證明。也許與西方一般的植物不同，只能生長在熱帶，且具有藥效的植物，燃起了西方人熊熊的好奇之火。另外，香料在藥物之外的功能，也備受矚目。古羅馬學者老普林尼撰寫的《博物誌》中就有以下的這段話：

「胡椒會變得這麼流行，實在有點奇怪……想要得到這樣東西的我們，便千里迢迢遠赴印度。如果想要促進食慾而在珍饈上加點胡椒……其實只要餓著肚子就可以了。」

「肚子餓了，就會有食慾」這句話最有道理。而「想要在珍饈上灑一點試試看」的這種說法，就是指調味料。在羅馬時代握有大權者，幾乎都是美食家，從傍晚開始的宴會可以持續進行到深夜。而香料便是能讓料理增添色彩的工具，所以備受重視。會用胡椒、綠荳蔻、肉桂來去除肉類的腥臭味，當然也會使用在增加料理風味和香氣上。相反的，想吐掉已經吃下去的料理時，也會使用香料。在當時已經有催吐藥這種東西，據說常參加宴會的人，覺得肚子很飽的時候，會吞下含有香料的嘔吐藥，把肚子裡面的食物吐出後，再回到宴會上用餐。在這種極盡奢華的宴會上，香料真的是不可缺少的存在。

在從前，香料是種藥品，也是種調味料。稱為香料的這種東西，可以讓所有料理變得美味，還可以治療多種身體的疾病，然後聽說這個東西遠在他鄉。假如有這種消息傳進耳裡，真的會有人想要拚著生命危險去尋找，甚至是想用黃金來交換嗎？又不是什麼長生不老的藥。舉例來說，現在這個世界上應該不會有人想要花一萬日圓以上來買感冒藥和醬油吧？古希臘數學家畢達哥拉斯對香料說了以下這一句話：「沒有什麼東西比芥末更能刺激腦髓和鼻子。」刺激腦髓？至少我本人沒有過用藥物或調味料刺激腦髓的經驗。難道是香料在以前也有像麻醉藥品般的功能嗎？這樣說來，聽說豆蔻核仁具有興奮劑的作用，法律上明令記載著使用量的限制。綠荳蔻則有催眠的效果。傳說古羅馬人把昂貴的番紅花塞在枕頭裡，因為番紅花有促進睡眠的功效，而且也深信它有催情的效果。那香料在當時算是合法的藥品？對當時的西方人來說，香料的香氣與過去接觸過的味道完全不同，所以才會有刺激到腦髓的感受吧？如果香料既屬於調味料，也是藥品，而且還是可以帶給人們與平日截然不同體驗的催情藥物，那我們便可以理解它在當時的珍貴價值，以及人們不惜一切，殺紅了眼也要據為己有的心情。

陸地絲路 VS. 海洋絲路

當盛極一時的羅馬帝國逐漸衰敗，即使中世紀的歐洲已轉變為封建社會，人們對香料的急切需求還是沒有改變。即使時代有變，香料的魅力依然不減。因為在自己國內無法種植香料，只能到熱帶亞洲地區尋找。在這個時代，有「陸地絲路」之稱的陸上貿易交通路線已然形成。為了運送香料，有一條從東南亞經過中國大陸，一直到中亞的路線。歐洲人應該是自己越過中東地區，到印度或東南亞尋找、購買香料吧！當時應該也有深具野心和冒險精神的人！但是，可能在前往異國的途中遭遇敵人攻擊，山上應該也有強盜出沒，能平安無事地將香料運送回國是件非常困難的事。或許也有人從事香料貿易仲介的工作，那便是指位處歐洲與亞洲之間的中東地區勢力，也就是波斯帝國。

在印度或東南亞，香料隨處可見，且數量多到想要丟棄，價格更是十分低廉。這些當地人棄之如敝屣的東西，居然可以成為黃金。中東的香料仲介商應該隱瞞了這個秘密，藉此暗中賺取龐大的利潤吧？但只是位居兩者中間的中東國家，居然可以藉此得到暴利，實在是聽了都讓人感到非常氣憤。不管是從前或現在，都有這種不當利益的存在。這種交易有一個問題，就是經由陸路運輸的話，無法一次搬運大量貨物。那時還沒有高速公路，也沒有大型卡車，一定要用某種動物拖拉著台車搬運，所以能裝載的貨物量十分有限。

有沒有能一次搬運更大量貨物的方法呢？解決這個難題的便是波斯帝國所開拓的「海上絲路」，也就是不經由陸地運輸，而是從海路運送東南亞的香料到歐洲。這條路線是從中國南部出海，行經東海、南海和印度洋，繞過印度南端，再往北前進到阿拉伯半島。這條路線的開發，成就了伊斯蘭國家強盛的勢力，因而取代了波斯帝國。運送到阿拉伯半島的香料，如果通過了位於阿拉伯半島南端的港灣，抵達連接著亞洲與非洲大陸的港口，歐洲便近在眼前。如果能用船舶運送，便能比用陸路的方式載運更大量的香料。這是條劃時代的路線！充分運用這條全新香料絲路的歐洲國家，據說是威尼斯。雖然在歐洲任何一個國家，胡椒都屬於最珍貴高級的香料而廣受重視，但考量到各國的地理位置，位居地中海正中央的義大利，比起地處內陸的德國、法國，或是離中東國家有一段距離的西班牙、葡萄牙，在地理位置上都要來得有優勢。威尼斯商人對追求財富有超越常人的執著。他們不顧一切危險，透過商業船隊經由海上貿易路線與亞洲各國直接進行貿易，也藉著貿易商經由陸地絲路取得香料。他們想盡各種方法來取得香料。能做到這種程度，真的是讓人無法了解到底是想要金錢，還是想要香料？這種異樣的舉動孕育了名留後世的著名探險家馬可波羅。

馬可波羅的父親也是位探險家。據說他出生之前，父親便動身前往亞洲，有15年左右沒有回來。但據傳他並沒有因此而厭惡父親，反而對在青春期才第一次見面的父親所敘述的各國冒險軼事感到十分有興趣。應該是馬可波羅的身上早已流著探險家的血液了吧？ 1271 年，當時 17 歲的馬可波羅和父親一起出國進行探險，那是場歷時 24 年的長途之旅。出發時經由陸地絲路，回國時走海上絲路，這樣算來，回國時的馬可波羅已經41歲。在這之後，他出版了著名的《東方見聞錄》，這本書是流傳至今、第一本歐洲人對亞洲留下紀錄的書籍。他對沒有造訪過的日本 (Zipangu) 有著以下「黃金之國」般的形容：「因為在這個國家黃金隨處可見，所以該國人民都擁有大量的黃金。歐洲還沒有任何一個人去過這個國家，就連商人也是如此。因此，如此豐富的黃金從以前開始，都沒有邁出國門一步。」

關於傳說中的日本，馬可波羅用盡個人的想像再予以詮釋。但他對日本的描述可能有些無法信賴。因為如果對日本有那麼大的興趣，已經千里迢迢經由陸地絲路抵達北京的馬可波羅，不可能不再多走一點路前往日本。在那個香料等同於黃金的時代，為了尋找香料，有多少商人奮不顧身，而且黃金之國就近在眼前！再加上沒有任何人到過這個國家，這種引發無限冒險心情的描述，實在是很難解答這個疑問。不過，不管怎樣他們沒有來過日本，就算是來了，這裡沒有黃金，也沒有香料。

而經由海上絲路拜訪東南亞各國的馬可波羅，親眼看到當地擁有豐富的胡椒、荳蔻和丁香等香料，再加上也遇見海外各國想要尋找香料、蜂擁而至的船隊。關於香料貿易的熱絡情況，更以「言語難以形容」來描述。他透過《東方見聞錄》中描寫的東方各國景象，引發歐洲各國人們的無限想像和冒險心，更加深大家對香料的憧憬。雖這麼說，香料交易的方式並沒有劇烈的變化。香料貿易的世界裡有著複雜多樣的利害關係，每更換一次仲介商，價格就會被哄抬。1299 年，鄂圖曼帝國因為作為陸上絲路東西方貿易的中繼國，經濟大為繁榮，勢力範圍拓展到現今土耳其，他們對通過該國領土的貨物徵收高額的稅金。

如果要經由陸路繞過鄂圖曼帝國，在地理上有很大的風險。或許有人會想如果沒有辦法經由陸路，就透過海路。但透過海上絲路，東南亞各國的交易會有中國人、馬來西亞人干擾，與印度的交易，印度洋周邊會有伊斯蘭勢力干預其中，穿過阿拉伯半島前往歐洲的最後關卡，則有埃及人把守。不透過這些仲介國家就無法獲得香料，歐洲人對這樣的情況會感到非常不滿也是可以理解。像現在可經由「天空絲路」自由地運送貨物或往來各國的時代尚未來臨。對歐洲人毫無止境的強烈慾望，我實在難以置信。結果，也因為這股強烈的需求，那個時代終於揭開了序幕。

地理大發現時代產生的香料夢

在地理大發現時代，對於香料所作的冒險，與之前的模式有些不同。以前主要是由想獲得財富的商人，運用個人的勇氣和實行力來執行。到了地理大發現時代，則由個人層級的自我挑戰，晉升到由各個國家傾一國之力來進行。歐洲各國想避開中間的仲介國家，直接進行香料貿易的路線是繞過非洲的南端。但是，在當時大家認為這條路線是有勇無謀的探險家才會選。因為當時有一個迷信，認為出了葡萄牙的里斯本再稍微往南航行，越過非洲北部博哈多爾角 (Cape Bojador) 後，海面即處於沸騰滾燙的狀態。「沸騰的海面」這種聽起來就像是吹牛般沒有根據的形容，在那個沒有地圖的時代也是難以避免。

而打破這項迷信的，就是有「亨利航海王子」之稱的葡萄牙王子恩里克 (Infante D. Henrique)。他並不喜歡那種單獨一人帶著渾身勇氣，不顧一切投向驚濤駭浪式的冒險，而是組織能力很強，有計畫性的尋找能讓這趟冒險成功的方法。因為他個人身分背景的關係，擁有一定的財力，在宮廷裡設置天文台，進行與航海相關的研究來避免任何可能的疏失。結果，1434 年他成功越過了人人恐懼的博哈多爾角。雖然這是一項偉大創舉，但從地圖上的非洲大陸看來，離最南端還非常遙遠。從結論說來，地理大發現時代最偉大的成就，便是發現了經由非洲大陸最南端抵達印度的航線。而成就這個偉大關鍵的人，是一位叫作迪亞士 (Bartolomeu Dias) 的航海家。他奉葡萄牙國王的命令出海航行，雖然大海並未沸騰，但在狂風暴雨侵襲而不知所措時，不經意地發現已經繞過了好望角 (日文中稱為喜望峰)。這是在 1488 年時，發現印度航線的第一步。

因為迪亞士歷經了驚滔駭浪，所以一開始並不是稱作喜望峰，而是稱為「風暴角」。但後來因為葡萄牙想要祈求自己國家的未來能順利發展，而把「風暴角」改為意義完全相反的「喜望峰」。喜望峰這個名字取得很好，因為它結合了到達未知土地的「喜悅」，以及在這個海角的前方，應該有豐富香料寶藏的「希望」與期待。繞過好望角後，到達印度的路程也就不遠。不過，歐洲人要經由這個航線取得香料，還需要點時間。對葡萄牙勇敢航向未知大海的挑戰，其他國家也並非只作壁上觀。對此行動反應最快、熊熊燃起競爭火焰的就屬鄰國西班牙。在這個時期，大家已經放棄了海上絲路的航線，從地中海內側抵達阿拉伯半島的航線也隨之消失，所以不適合威尼斯商人大展身手。地理大發現時代的主角，轉移到葡萄牙和西班牙身上，兩國間的征戰是眾所矚目的焦點。既然向未知大海航行是國家既定的政策，那麼便需要兩種人互相配合。一是掌握國家決策權力和管理執行政策資金的人物，另一個就是擁有執行力且有勇氣實際出海的人。也就是說，需要一國之君和探險家兩者。那到底是誰向誰下賭注呢？這就是為了香料而不斷反覆上演的賭局。

地理大發現時代總共有多少探險家為了尋找香料而遠赴異鄉？能在歷史上留名的，只有做出成果，以及率領團隊的領導者會名留青史，所以人數不算多。哥倫布、達伽瑪 (Vasco da Gama) 和麥哲倫這 3 人算是功業彪炳且最出名的，但我在意的是，他們出身於哪裡？是什麼樣個性的人物？是哪個國家在背後協助他們？然後在香料的世界裡，他們到底留下了什麼樣的功績？

哥倫布 (Cristoforo Colombo，1451-1506) 原本是出身於義大利北部 (熱那亞 [Genova]) 的紡織工，在 20 幾歲後期改行為船員，自修習得航海相關的知識，且身材高大帥氣，再加上擁有強烈自信，是個非常有野心的人。如果我也出生在同一個時代，一定會認為他是個高傲自大的討厭傢伙吧！但哥倫布不只是有野心，也有實現其野心的盤算。作為一個探險家的哥倫布，他還沒有任何實際成果，也沒有什麼人脈關係。在當時階級社會的體制下，再怎樣哥倫布也不可能列為國家政策下大航海計畫中率領船隊的候選人。發現了這一點的哥倫布，便用與總督女兒結婚的手段，提高自己的身分地位。

在那個以到達非洲南端為航行目標的主流社會裡，哥倫布有著相當獨特的創見。那便是如果從大西洋一直往西邊前進，應該總有一天會抵達印度大陸。如果從地球是圓的這個理論來推測，他的計畫很有可能成功。另外一個可能，是他如果跟隨以前的探險家以同樣的路線航行，就無法名流青史。對自己有著極大自信的哥倫布，便開始找了葡萄牙的約翰二世國王訴說自己的構想。不過，國王怎麼會相信一個突然出現的義大利青年所說的話呢？

滿腔熱情的哥倫布慘遭冷冷回應後，又拜見了西班牙的伊莎貝爾女王。伊莎貝爾女王對大西洋往西前進的這個計劃內容，也許根本毫不關心，但對被甩在後頭、進度顯得落後而焦急不安的西班牙，卻正是需要哥倫布。被挑起了與葡萄牙對抗心情的伊莎貝爾，和哥倫布家鄉那些對獲取財富抱有異常執著的威尼斯商人們，便決定一起投資哥倫布的航海計畫。1492 年夏天，哥倫布的船隊從巴羅斯港 (Palos de la Frontera) 出海，他們順利地一直往西航行，在發現了加勒比海上各個島嶼後又繼續前進。對哥倫布而言，本來這趟旅程是想要尋找抵達印度的航道，但實際上卻成為發現美洲新大陸的序曲。哥倫布把美洲新大陸誤認為印度，而把當地原住民稱為印地安人 (Indian，印度人) 的故事也頗為知名。

美洲不可能生產胡椒和丁香，取而代之的是發現了辣椒。1943 年春天，哥倫布結束了不到一年的航海之旅，意氣風發地回到西班牙，船上載滿了辣椒回國，西班牙人看了大失所望。但女王還是相信了與她報告「已經抵達印度」的哥倫布，於是又再投下鉅額資金資助哥倫布第二次出海。但是，採行從大西洋往西前進路線的哥倫布，接著發現的是多明尼加和牙買加，不可能是印度。對第二次航行仍然無法帶回胡椒的哥倫布，女王和威尼斯商人們都感到很失望，據說女王還抱著失望落寞的心情，嚥下最後一口氣，這樣不幸的結局就不太為人所知。

但是哥倫布將辣椒帶回歐洲的歷史事實，在香料的歷史上仍然占有重要份量。那具刺激性的辣味深受大眾歡迎，從歐洲開始掀起了栽種辣椒的風潮。辣椒在印度料理中所佔的重要地位，也是從此時開始。也許我們應該思考在美味的印度咖哩中，哥倫布也扮演了一項關鍵的角色。

往東航行？還是往西航行？是個關鍵

據歷史資料推測看來，葡萄牙人達伽瑪 (1460 年左右到 1524 年)，並非屬於富冒險犯難精神類型的探險家，雖然工作認真確實、性格也不錯，但應該沒有什麼經商的天賦。1497 年，他的船隊從葡萄牙出發，在 10 個月之後抵達印度的馬拉巴爾 (Malabar) 海岸，他是個確實達成工作目標、完成世上首創之舉的男子。對突然出現在眼前的葡萄牙人，印度人當然感到非常震驚。據說達伽瑪很老實地回答詢問其航行目的的印度人，是為了「尋找香料而來」。說到馬拉巴爾海岸，正是胡椒的產地。早已對香料貿易習以為常的當地人，怎麼可能會給老實的達伽瑪有利的交易條件呢？達伽瑪這趟冒險航行，並沒有為葡萄牙帶來鉅額財富，最重要的意義在於達伽瑪開創了一條不需經由陸地絲路與海上絲路的新航線，可以直接將香料運進歐洲。所以，在漫長的時間長流裡，壟斷印度洋一帶的伊斯蘭國家勢力逐漸衰退，取而代之的是為了搶奪香料所產生的歐洲各國間對立。

擁護哥倫布，想要抵達印度而大失所望的西班牙，一定很忌妒葡萄牙的成功。而成功宣示西班牙的國威與驕傲者，便是麥哲倫 (1480 年左右 -1521 年)。不過，麥哲倫本身是葡萄牙人，屬最下層的貴族，是海軍的士官。雖然他過著每天確實執行任務的規律生活，但他自己則希望在人生中，可以作為一名船員，去發掘海上生活的樂趣。因此他向葡萄牙國王曼努埃爾 (Manuel I) 提議，自願擔任船長，申請組織船隊前往東南亞探險，但馬上被拒絕。一定是葡萄牙覺得印度航線已經到手而產生的自傲，讓國王有這種反應。

為此感到無比失落的麥哲倫，便離開祖國，移居至西班牙，在那裡出現了願意資助他的人，那便是西班牙國王卡洛斯一世 (Carlos I)。他信賴麥哲倫擔任海軍士官的實際經驗，因而想要為此一搏。拒絕麥哲倫的葡萄牙與伸出援手的西班牙，這樣反差極大的對比，酷似哥倫布的遭遇。結果，葡萄牙就此與之後將名留青史的兩大探險家失之交臂。

但讓我更感興趣的是，麥哲倫的計畫與哥倫布相同，都是以印度為目標，從大西洋出發後一直往西航行。不知道卡洛斯一世聽到麥哲倫的計畫時，腦中是否想過哥倫布並未找到印度航線的失敗。但即使如此，他也下定決心投資在麥哲倫身上。1519年麥哲倫的船隊航向大海，通過非洲大陸後，穿越大西洋、太平洋，在大約二年後抵達了印尼的摩鹿加群島。之後，在1521年，因當地民眾間的戰亂而死於菲律賓宿霧島。倖免於難的船員們在麥哲倫死後仍繼續航行，完成繞地球一周的創舉，在1522年回到葡萄牙。也就是說，麥哲倫自己並未完成繞地球一周的夢想，而是他的夥伴替他達成這個任務。

在地理大發現時代的前半段，主要是西班牙和葡萄牙兩國的對立。葡萄牙從非洲南端開始往東航行，發現印度航線。相反的，西班牙從大西洋往西航行，穿越太平洋而找到通往印度的航道。但從結果來看，可以說葡萄牙獲得壓倒性的勝利。因為葡萄牙取得胡椒、荳蔻、丁香等這些當時炙手可熱的香料，而西班牙實際上能到手的只有辣椒。

在與香料有關的大環境下，存在著絕妙的供需平衡。站在這個舞台上的演員們，雖然各自需求不同，但也藉著利用彼此而繼續向前。對探險家而言，只要有國家願意資助達成計畫，是哪個國家都無所謂。以相反的立場來說，那些資助國只要求探險家能對自己國家帶來利益即可，不會過問國籍。之後剩下的便是誰要參與這場賭局。從歐洲方面的香料交易看來，這樣的架構得以成立，但從香料原產地的亞洲各國立場看來，則是無法忍受。如果是進行公平的商業交易那還無話可說，但在各香料產地的交易上，卻存在許多無情的剝削和壓榨，累積眾多當地的民怨。尤其是對葡萄牙的強烈憎恨，也曾出現了反叛活動。因此，葡萄牙的勢力逐漸衰微，另外，在歐洲勢力漸漸擴張的荷蘭，也開始蠢蠢欲動。

樹木慘遭破壞、樹苗也遭移植

因為葡萄牙在當時主要占有印度和摩鹿加群島，想要避開與葡萄牙正面衝突的荷蘭，將其目標放在爪哇、蘇門答臘兩個島嶼上。1595年，東南亞遠征隊從阿姆斯特丹出海，雖然他們的航程艱辛，但在一年二個月後，抵達了爪哇島的港灣，建立香料貿易的據點。過沒多久又馬上派遣第二梯次的遠征隊，在1602年成立了荷蘭東印度公司，這代表著荷蘭正式加入香料貿易的戰局，而盛極一時的葡萄牙勢力則走向黃昏。我認為荷蘭東印度公司的手法十分狡猾，他們為了提高自己手中香料的價格，將一定範圍以外的香料植栽、樹木連根拔除。荷蘭不僅擁有可獨佔香料貿易的環境，還哄抬香料的價格。讓香料不僅成了人人喜愛的寶物，還是商業買賣的工具。

在香料貿易上比荷蘭還要晚行動的英國，則顯得有些繞了遠路。為了要與往東航行的葡萄牙和往西航行的西班牙競爭，不知怎麼地竟選擇挑戰往北的航線，而在北極慘遭全軍覆沒。如果要說比較顯著的成功事蹟，也只有德瑞克 (Francis Drake) 船長抵達東南亞和進行丁香貿易而已，除此之外都是難以啟齒的結局。1601年，英國由蘭開斯特 (James Lancaster) 率領著船隊，背負著倫敦商人的期望而出海。這趟遠洋航行獲得了成功的果實，英國在蘇門答臘島建立了據點，不過荷蘭的野心早已覬覦該島。

蘭開斯特本來是個經商者，1588年，英國艦隊打敗西班牙無敵艦隊時，據傳他坐上商船，從旁協助英國艦隊。然後在1591年時，他也擔任爪哇島和香料群島探險船隊的司令指揮官。據說這個探險隊的船艦，曾經參與西班牙無敵艦隊的戰役。活躍於地理大發現時代的船隻，到底是什麼樣子呢？如果是貿易船隻，只要能載運貨物即可。不過，在這必須賭上性命的冒險航程中，需要不會被驚滔駭浪吞噬的重型裝備。再加上前往目的地的途中可能會有海盜，抵達目的地的島嶼後也可能遭到攻擊。那個時代在亞洲海域進行征戰的歐洲各國船隻，一定要有媲美戰艦的裝備吧！

掩護射擊無敵艦隊的船隻，竟然可以用來運送香料？第一次慘遭失敗的蘭開斯特曾在第二次航行於馬六甲海峽時，在發現葡萄牙船隻後，奪下該船，搶劫貨物的紀錄。這意味著他具有足以搶奪他國船隻貨物的裝備。蘭開斯特為了想要將香料據為己有，已經到了不擇手段的地步。而英國在當時也不過是個無法與荷蘭匹敵的眾多小國之一。

在蘭開斯特從英國出海航行的 1601 年，荷蘭向西班牙海軍挑釁，在直布羅陀海峽戰役中贏得勝利。之後，並趁勢對香料群島和班達 (Banda) 群島施壓。在亞洲地區香料爭奪戰，已經變成國與國間的糾紛，而歐洲各國在亞洲上演的競爭劇情也逐漸與在歐洲本土相同。如果在自己國家周圍取得勝利，香料便容易到手。反之，在亞洲失去了海上控制權，不只無法得到香料，連在自己國家周邊的情勢都顯得危急。雖然英國對荷蘭發動了數次戰爭 (1623 年安汶大屠殺)，但最終只能臣服於荷蘭腳下，遭到逐出香料群島的命運。此後長達一百年的時間，荷蘭與英國之間又發生了無數次的戰役。

此時，有一個國家出人意料的也來試著取得香料，那便是法國。1770 年左右，擔任模里西斯行政官員、同時也是植物學家的法國人普瓦爾 (Pierre Poivre) 藉著多次進出摩鹿加群島騙過荷蘭人，偷渡丁香種苗到屬於法國勢力範圍的島嶼上栽種繁殖。這個想法，遠比搶奪他國船隻來得高明許多。因此法國便開始自己栽種丁香，無須侵略他國便有大量的香料作物。之後以類似手法，而且變得更光明正大的，便是英國。1795 年，英國艦隊攻擊荷蘭統治下的馬六甲，成功在馬六甲佔有一席之地。但英國對佔領香料諸島這個得來不易的勝利果實，並不感到滿足，又開始有所行動。把豆蔻的種苗帶出該島，移植到馬來西亞的檳城 (Penang)。因為當時著名的植物學家史密斯 (Christopher Smith) 極為活躍，丁香與豆蔻的生長地區從東南亞周邊，拓展到印度洋一帶，生產量也因而大增。而且，曾經貴重無比的香料價格，也跌落到一般庶民能夠負擔的水準。

從前，荷蘭徹底破壞香料植栽，將其連根拔起的行為，與法國、英國移植香料種苗的作法，可說是完全相反。後者的做法或許屬於值得稱頌，但在香料的世界裡，這樣的方法是好是壞，無從得知。不過，為了要移植香料種苗，造成植物學家興起，也是足以改變香料歷史上的一件大事。

很晚才加入香料戰爭的法國，佔領了印度的一部分，並獨自持續進行香料貿易，但之後也臣服於英國腳下。1763 年，長期爭奪印度統治權的英法兩國，終於有了結果，法國必須退出印度，由英國統治全印度。之後，英國統治了印度很長一段時間，一直到印度獨立為止。但這件事對香料的歷史並沒有很大的影響，如果一定要舉出一個，應該就是幾乎沒有受到歐洲大陸飲食文化影響的印度料理，在英國開花結果，進步到世界一流的水準吧！

如果要用一句話來形容香料的歷史，可以說香料的歷史是由人類慾望所構成。因為有那些沉迷於催情藥物歡樂之中的人們、還有那些想賺飽荷包的商人和資金援助者與探險家的組合。到了最後，連植物學家也被捲入這場紛爭，歐洲各國花了漫長的歲月在香料的各種糾紛中。當時具有無限誘人魅力的香料，到了現代，有哪些地方是與從前的歷史有關呢？如果在地理大發現時代中不惜犧牲性命的冒險家，來到現代的香料世界裡，又會作何感想？他們殺紅了眼不惜一切也想得到的香料，以現代人的立場來看，可以輕鬆地用便宜的價格取得。使用香料製作咖哩這個行為，也只不過是點綴日常生活、為其增添色彩的一件小事。不過，在自家廚房裡完成了香氣迷人的香料咖哩後，何不在品嘗美味時，試著讓自己的思緒回到那古老的時代中？我覺得這也是很享受的一件事。

藥膳咖哩

相信大家都知道香料具有療效這件事。因為只要翻閱相關書籍，連香料的功能都會清楚詳細的寫在書本內。因此，用香料作成咖哩，而將香料咖哩稱為藥膳咖哩一點也不為過。真的嗎？這樣真的可以嗎？生性懷疑的我馬上就提出這樣的疑問。因為本來在這本書上寫的香料功效，並不是依據我自己的研究發現的。也不是用自己的身體進行實驗，實際證明了香料具有哪些效果，所以無法對這樣的說法背書。一直以來，我一直刻意避開「藥膳咖哩」這個領域，也是這個原因。平常明明都嘻嘻哈哈、愛開玩笑的自己，只有在這種地方會突然執著了起來。

如果要在藥膳咖哩方面著墨的話，我希望能夠有確實可靠的依據。在考慮到香料對人體產生何種影響時，我想參考的是西方醫學和東洋醫學的理論，但兩者在基本上就是完全不同的東西。關於香料的療效這一點，我很幸運的有機會與各個專業領域的醫學博士、教授當面請教，非常期待能得到什麼樣的解答或詮釋。然後在最近我還有一個想踏入的領域，那就是印度的阿育吠陀，也就是印度教及佛教的傳統醫學。因為我認為如果考慮到咖哩是源自於印度料理，在印度這個國家自古以來所傳承的香料技術中，應該還潛藏著許多寶藏等待挖掘。

關於這個領域的研究，我才剛起步摸索，要學習的事情還堆積如山。雖然將香料咖哩稱為藥膳咖哩，很容易為世人所接受，也很好理解，但好像又太過流於俗套，這樣真的可以展現出香料咖哩的真實魅力嗎？我自己本身也有這種單純的疑問。首先，這次想要先針對用香料製作的藥膳咖哩，尋找一些線索。直到我能認同香料咖哩對身體有益，並且可以實際感受到這個變化為止，希望各位可以試著跟我尋找這個謎題的答案。

丁宗鐵 (Tei Munetetsu)

日本藥科大學 校長

到底算是藥物、香料，還是食品？界線不明

丁(以下為T) 「藥膳」這個名詞並不適用於中國。只有在日本可以用。

── 據說「醫食同源」也是源自日本的用法，在老師的著作中也有提到。

T 對啊！這是在 1970 年代，幾乎是在相同時期所產生的詞語。以前稱為「藥食同源」，但是因為提到「藥」這個字，會觸犯到藥事法，所以改成「醫食同源」。

── 所以，「藥膳」這個詞同樣也是為了要避免觸犯藥事法的規定而使用的詞彙？

T 是啊！因為它不是藥品，而是一種食物。因為這樣，醫療相關的專業人士很討厭「醫食同源」或「藥膳」這些詞語。「膳」這個字是「肉」字旁，代表這個漢字與人體有關，而「膳」這個字就有「對身體有益」的含意在。所以「藥膳」這個詞也是個很弔詭的詞彙。日本從以前開始，便將食用對身體有益的東西，用「膳」這個字一語概括。所以，我們也儘量使用「等同於藥膳」或「也就是醫食同源」的這種說法。

── 嗯！對啊！其實應該把藥膳咖哩改稱為健康咖哩比較好……但「藥膳」這個詞已經使用廣泛，深植人心，也是因為商業銷售的目的而製造出的詞彙。其實仔細想想，這個詞人人都可以使用，不管有沒有國家考試及格，也沒有嚴格的法律規定。

T 咖哩起源於阿育吠陀。[※註1] 與現代相近的咖哩早在奈良時代就已經傳到日本了！

── 在奈良時代時，香料已傳進日本。

T 在正倉院裡面。在保管聖武天皇相關物品的正倉院，是日本第一個使用香料的地方。那時聖武天皇剛好因病而臥床休養，此時來到日本的是鑑真和尚。他帶來許多中國和印度的藥品，其中也包括許多香料。所以世界上現存最古老的香料保存在日本正倉院中。

── 中藥的藥材裡有很多是也可以當作香料使用的植物。

T 一提到中藥，很多人以為都是來自於中國，但其實不全是如此。若追本溯源，阿育吠陀對中藥的影響很深。印度僧侶曾在某個時期，為了宣揚佛法而大舉進入中國。

── 中藥裡有一種簡單的分類：一類為「上品」，又稱「上藥」；二類稱作「中品」，又稱「中藥」；第三類則稱「下品」，又稱「下藥」。在上藥和中藥裡有許多香料類的植物，西方醫學裡的藥物，在中醫裡很多都屬於下藥。所以香料本身並不是一種藥吧？

T 說香料不是一種藥，也不完全正確。或許應該說很難劃清藥物與食品的界線。在中醫裡調配藥品時，會用上藥、中藥、下藥進行搭配。治療疾病要用下藥，但因為下藥一定會產生副作用，所以為了避免發生副作用，便加入上藥和中藥。因此，上藥和中藥對人體沒有效果也無妨，但它們仍然屬於藥品。不過在西方醫學的概念裡，所謂的藥便是要對人體產生作用。即使同樣稱為「藥」，但雙方對藥的定義並不相同。

── 因此，這與有沒有預防疾病(未病)的概念有關？

T 可以這麼說。香料這類的植物在中醫裡多歸類為上品和中品。

── 現在一般認為是香料的植物裡，在中醫裡很少歸類為下品嗎？

T 很少，因為它們是食品。所謂的上品和中品，只要少量加一點，就相當足夠。舉例來說，肉類容易腐敗，因此加入一點香料，讓肉類不容易壞且變得更美味，而且也可以吸收營養。因為在中醫裡是

用這種觀點來使用香料，所以對古代印度人只為了更享受用餐的時光而使用香料，覺得有些奇怪。

── 這樣說來也是耶！聽說古代傳統的印度料理並不是很好吃。

T 所以歐洲人的觀點，還是認為香料是種保存食品和加工的材料，讓食物更加美味反而不是其主要功能。

── 在西方的觀念裡，生病了就吃藥治療，身體健康的時候就要盡情享樂，劃分得十分清楚。在這種觀點下，日本算是以西方醫學為主流嗎？

T 沒有，並沒有這回事。因為日本人對咖哩的接受度是那麼樣的高。

── 養生的觀念，已經在日本的飲食文化裡逐漸扎根了嗎？

T 這個觀念已經深植日本人心中。如果覺得吃下的食物很美味，人體會分泌唾液，可增進腸胃的運作並使食用者心情愉快，這便是食物原本的功能。如果還能對人體帶來好處，那不就再好不過？如果只追求療效，食物便不再美味。

咖哩的香料，就像是味噌湯的味噌

── 稱作藥膳咖哩，感覺似乎不太好吃。

T 咖哩一定要好吃才行啊！單獨食用香料其實對人體來說是不太好的。不過當香料跟咖哩一起混合食用時，就會對身體有益，產生正面的效果。

── 我對香料可以促進腦部機能活性化的這一點，感到很有興趣。有研究數據可以證實香料能促進腦部血流以增進其活性的說法。

T 因為在實驗中可看出香料促進腦部血流的效果。

── 印度人在日常生活裡已經非常廣泛的攝取香料，但在日本文化中並沒有這個習慣，會不會反而一接觸就很容易達到效果呢？

T 嗯！有這種可能。咖哩對印度人來說，就像是味噌湯的味噌一樣。印度的香料或葛拉姆馬薩拉，就如同日本有許多種類的味噌一樣，具有相同的功能與地位。

── 香料有控制食慾、增加對氣候冷熱變化適應力的效果，還有減少鹽份攝取和促進新陳代謝的功能。尤其以薑黃素[※註2]來說，可以預防癌症和阿茲海默症，對人體有不少好處。

T 這也只能說是薑黃素的功能。重要的是以咖哩來說到底可以證明它對人體有什麼效果。

── 以日本的咖哩來說，因為裡面混合了 30 幾種香料，即使有食用量上的考慮，幾乎所有的香料種類都包含在裡面。

T 對啊！對啊！反過來說，如果裡面摻雜了一兩種品質不佳的香料，也不會被發現。

── 因為真的有藥效的香料用量減少，對人體產生效果的強度也因此減弱。

T 所以，增加適合自己身體狀況的香料就變得十分重要！

── 薑黃給人一種萬能的感覺……

T 嗯！因為是屬於薑科的植物。除了薑黃素以外的其他成分也十分有效。因此現在的中藥成分裡有三分之一以上都含有薑！

── 香料經過加熱翻炒會產生香氣，但如果從它的療效方面看來，也是有幫助的嗎？

T 藉著加熱翻炒，可以提煉出香料的療效。然後也有抑制發酵的作用。舉例來說，茶葉就是如此。日本茶是用機器蒸熟的方式製作而成。不蒸熟的話就會發酵變成紅茶。所以，加熱翻炒存在著許多意義，依據香料種類的不同而有不同的效果，廣義來說，就是引起化學反應。

── 可以提煉出精油。

T 嗯！像咖啡也是一樣。雖然咖啡豆不用加油下去炒，但會提煉出油脂。

── 我喜歡喝日本茶，也喜歡紅茶和咖啡，雖然不抽菸，但對菸草也有興趣。這些東西的源頭都是植物，經過一定的加工，可以變成茶葉、咖啡和香菸，還有製作咖哩的香料。

T 依照加熱方法的不同，狀態也會跟著不一樣。因此，在印度當地也有獨特的香料加工方法，再加上混合調配來提高它的效果。不過混合了 30 幾種香料的咖哩並無法提升它的療效。最多也是用 5 種，再怎麼增加也是 10 種而已。超過這個數目的話，以療效來說即不具任何意義。

── 我在學印度料理時，一道料理中使用的香料種類大概是 7 至 8 種，比混合了多種香料的料理還來得美味。日本的咖哩粉中會使用 30 多種香料，是因為那是由不懂香料調配規則的人所研發的吧？

T 也不能這麼說啦！日本在引進香料時，是由藥品批發商販售。

── **因為現在咖哩製造商的前身，是藥品批發商。**

T　因為他們在調配咖哩粉時，是以配中藥的概念來製作。在調配方法上，則有混合派（後世派）和不混合派（古法派）這兩種派別。所以大概是採用混合派的作法來調製咖哩粉，裡面才會含有 30 多種香料。

── **原來如此。那混合派在中藥的調配上主張混合 20-30 種左右的藥品啊？**

T　嗯！大概也有 15 種以上吧！所以最早的咖哩粉配方最少也是有 15 種左右的香料吧！

── **在印度原本沒有咖哩粉的存在，但是有綜合香料葛拉姆馬薩拉，那味道聞起來很像中藥。有種對印度綜合香料半開玩笑的有趣形容，說有人在吃咖哩的時後撒上胃藥一起搭配著吃，那就像加了葛拉姆馬薩拉一樣的感覺。**

T　像市售的漢方腸胃藥成份裡，有許多和葛拉姆馬薩拉相同的成分，所以也可以說那是一種香料。

「燉煮三天的咖哩比較美味」是錯誤的觀念

T　今後的時代，對香料的要求應該是品質吧！要求提高香料的品質而不是增加它的數量。

── **一般人實在很難分辨香料品質的好壞。**

T　所以，應該從販賣者處建立香料品質分級的制度，這樣一來，我認為日本的香料才算是真正的香料。

── **最近偶爾可以看到有機香料。中藥材中也存在著有機的概念嗎？**

T　中藥全部都是有機的，因為是藥品，不能有農藥殘留，有法律規範，需要做大約 200 種的農藥檢測。這檢測已經幾乎涵蓋了所有的農藥種類，反而很嚴格。所以中藥的價格並不只是反映成本，檢查費用也佔很大的比例。

── **我想到關於香料的殺菌與滅菌處理方面的問題。我認為香料可以藉著加熱的調理過程，殺除某個程度的細菌。不過，會不會反而因為高溫翻炒或燉煮，讓香料的效果減弱？**

T　這倒不用擔心。那些精華會融入油脂中。

── **啊！原來如此。因為香料原形在一開始料裡時就用熱油翻炒，在那個時間點的油溫還沒有影響吧？**

T　因為只用油翻炒的香料，若時間一久，油脂會氧化而造成腐敗。所以需要注意必須在短時間內完成香料的翻炒加熱。

── **這樣子的話，用油炒過的香料再用過長時間慢火燉煮，反而不好吧？**

T　對！在我的書裡面也有寫，花了三天燉煮的美味咖哩這種欺騙初學者的誇大言詞，是行不通的！

── **不過，一般客人聽到這樣的說法，都會覺得「啊！實在很厲害」，但那只是一種宣傳的話術。因為在印度絕對不會發生這種事。**

T　我常說香料和味噌是一樣的。有人做味噌湯時會花長時間去燉嗎？

── **啊！原來是這樣，不能燉煮太久。不過，常聽到有人說辣椒的辣椒素** [※註3] **這個詞彙，那對人體真的有益嗎？**

T　不是這樣的。辣椒原本不會加入咖哩的材料。香料中對人體有良好效果的，都屬於比較不辣的。辣椒會破壞其他香料的協調性，所以基本上我不吃有加辣椒的咖哩。但是，現在去印度人開的咖哩店，發現裡面也有加辣椒了！因為比薑黃還便宜的香料就屬辣椒，性價比很高。但一放進辣椒後，就會破壞其他香料的味道。

── **原來是這樣子啊！因為辣椒的原產地不是印度，而且葛拉姆馬薩拉中既沒有薑黃，也沒有辣椒。**

註 1：阿育吠陀
指印度傳統醫學

註 2：薑黃素
使用在咖哩中的薑黃，其中所含的色素成分。有可以抗氧化的多酚 (polyphenol)。

註 3：辣椒素
辣椒中的辣味成分。會刺激痛覺神經讓人體感受到辣味。

丁宗鐵 (Tei Munetetsu)

醫學博士。橫濱市立大學醫學研究所肄業，進入北里研究所。擔任過該研究所東洋醫學綜合研究所的診療醫長、研究部門長。後來又擔任過東京大學研究所學生身體防御機能學講座助教授、東京女子醫大特任教授、日本藥科大學教授、校長。是日本東洋醫學會的專門醫師和指導醫師。

石川義弘 (Ishikawa Yoshihiro)

橫濱市立大學研究所醫學研究科 循環控制醫學 教授

氧氣和糖份是生命的起源，但同時也會影響身體的健康

── 想請教教授，為什麼人體原本即需要抗氧化作用？

石川（以下稱 I） 嗯！講到這個話題……那是因為人類是從魚變成青蛙，再變成猿猴的。

── 從魚變成青蛙？

I 簡單說，從魚類進化到兩棲類，再演變為哺乳類的過程之中，發生了什麼？大家常提到抗氧化作用這個語詞，卻沒有想到為什麼不能氧化？

── 一般說活性氧對人體有不良影響。

I 氧在空氣中佔了 20%，那為什麼氧化作用就不好呢？用極端一點的講法來說，因為人類需要呼吸、需要飲食。

── 但是不呼吸或不吃東西的話，沒辦法活下去。

I 過度呼吸會提早死亡。吸進過多高純度的氧氣會產生肺功能障礙。那你認為用什麼方法會長壽呢？

── 順著這個話題來看的話，應該就是飲食不要過量吧！

I 對！正是如此，飲食不過量。在醫學上也作過很有名的實驗，那就是將白老鼠分成兩組，一組只餵食一點點飼料，另外一組則是自由任其覓食。結果，令人驚訝的是只吃一點點飼料的白老鼠反而活得很久。

── 但會不會擔心營養不夠？

I 那為什麼會較長壽呢？關於這項原因，我就用吃了一個日式紅豆麻糬來作比喻好了！將紅豆麻糬吃進肚子後，在胃裡消化，由小腸吸收養分。藉著血液的流動，最後到了細胞中的粒線體裡，用專業用語來說，會進行一種叫作「氧化磷酸化」的反應。簡單說，就是體內在合成「ATP」[※註1] 這種能量物質時會用到。其實在那個時候，需要糖和氧！所謂的 ATP，是一個掌握生命所有要素的物質。像肌肉的運動、腦部的思考和發展都與 ATP 有關，是人類所有動作的根源。有了糖和氧體內才能合成 ATP、粒線體。總之，人類需要呼吸的理由，是因為需要運送氧氣到粒線體中。如果有大量氧氣進入體內，就必須消耗龐大能量來合成 ATP。這樣一來，那些進入體內的氧氣在進行許多作用時，就會產生稱為「氧化磷酸化」的反應，在中途自動產生具有高度毒性的氧，這正是問題所在。

── 原來氧氣對身體有影響是這個原因啊！

I 當以前人類還在水中，尚未進化時，不太需要氧氣。因為原本在水裡就幾乎沒有氧氣的存在。所以即使需要氧氣，也是一點點就夠了。但是上了陸地之後，因為活動量增加，用腦量也增加，變成隨時都有大量氧氣進入體內的狀態。

── 所以是說風險提高了嗎？

I 對！應該是說像工業廢棄物一樣的東西吧！就是稱為超氧化物 (superoxide) 的物質，這其實會破壞 DNA 和細胞膜。人類體內有一種酵素叫「SOD」[※註2]，具有破壞超氧化物的功能！

── 簡單說，就是「想要引進必要的東西，但是也想去掉風險高的物質」嗎？

I 總而言之，如果將它比喻為工業廢棄物的話，就是像工廠運作頻繁，便會產生戴奧辛和光化學煙霧，也就是霧霾之類的東西。

── 原來是這樣。那所謂的抗氧化，是「事先防止氧化」，還是要「防止氧化後產生的不良物質」呢？

I 是要破壞已經形成的超氧化物。

── 那很難事先避免氧化嗎？

I 沒有辦法。要減少氧化的辦法就是要少吃東西。即使進行呼吸，只要不攝取糖份，就不會產生

ATP。

── 一般說來，抗氧化作用可以預防多種疾病，像能保持青春長壽，有減重、預防生活習慣病的效果，可以從根本解決許多疾病？

I　對！減少必要之惡的作法就是抗氧化。

── 以西方醫學的觀點來看，也可以直接用藥治療嗎？

I　可以啊！像是維他命 C 和維他命 E 這種就是。

── 拿處方簽到藥局買的藥，和直接到藥局買藥有什麼差別呢？

I　沒有醫師的處方籤，就不能買的藥稱之為「處方藥」。簡單說，就是如果隨便吃下肚的話，有發生嚴重後果可能的藥品。有一點劑量的不同或服用方法不同也沒關係的藥稱為 OTC (over-the-counter drug)，也就是成藥，像是有名的感冒藥露露或百保能之類。OTC 藥中的有效成分會比處方藥來得少。

由分子病理學產生的分子料理學

── 在西方醫學中，香料占了什麼樣的地位呢？

I　咖哩香料本來並不存在於西方醫學中。因為在達伽瑪的時代，才好不容易抵達印度附近，但西方醫學在此之前便已經存在。20 多年前，開始出現「分子心臟病學」，或者是「分子某某學」的這種研究領域，想藉由 DNA 的變化來理解疾病形成的原因，還有用分子、原子的成分來分析的一種學問。

── 是最先進的西方醫學。

I　正是如此。就是想追根究柢來理解疾病的根源。最近也因為這種潮流，而衍生出分子料理學。

── 啊！我知道。我想用咖哩來嘗試看看耶，分子料理學中好像有點線索。

I　那篇分子料理學的論文，居然刊登在全世界最具權威且最有名望的學術期刊之一《自然》(*Nature*) 上面。不過，為什麼料理可以寫成論文呢？而且還是好幾篇，很有意思吧！以韓國蔘雞湯為例，裡面用了什麼材料、加了哪幾種香料、是什麼樣的味道；同樣的也有西方料理，像牛肉濃湯等。總而言之，就是分析出料理的化學成分，再用電腦龐大的資料庫來跑其中的程式計算，由此得到一些結果，像是把魚子醬放在白巧克力上食用。也就是說，西方料理中，把有類似味道的東西歸納為一組，但是，在東方料理中卻是完全相反，也就是把完全不相關的東西歸為一類。

── 印度料理中的香料正是如此！把風味差異極大的東西組合在一起。

I　所以西方和東方料理的搭配與組合，從出發點來說就有所不同。如果要說現在研究分子料理學的人在忙些什麼，那就是提煉出各個食材中的香氣和油脂成分，再以分子為單位進行料理。

── 所以會產生出許多一般無法想像的料理組合。

I　這樣一想，便會覺得那些藥材在中國或印度的傳統料理中已經不算是藥品了。西方人為追求美食的口腹之欲而製作料理，但東方人卻是因為不想讓食物腐壞、想避免水土不服或希望健康長壽而製作料理。因此印度有阿育吠陀的傳統醫學、中國有傳統中醫。雙方的歷史淵源不同，西方料理最早也是從羅馬時代開始的吧！照這種想法來說，印度料理無法用西方醫學去衡量，因為這兩者的思想體系從根本上就有所差異。

── 不過在西方醫學領域中，近來出現了許多關於研究香料功能的論文。

I　是啊！所以與分子料理學的領域很接近。像中藥裡最有名的葛根湯好了，學中醫的人會說「就是甘草跟其他大概 5 種藥材，混合調配而成。」但是學西醫的人會問說：「那化學成分是什麼？那些成分到底是在多少酸鹼度的情況下，在溫度幾度的時候，有多少百分比游離到人體內？而人體中吸收了多少？代謝了多少？之後變成什麼樣的活性成分，對哪一個細胞發生作用？」從這個觀點來說，像薑黃裡面有某種特定成分，而這種成分具有某種功能。因此便形成了以達到這種功能為出發點，在某種料理上嘗試的推論實驗程序。

── 正因為如此，關於薑黃的研究論文才大量增加。

I　試著查了一下，便發現了一件了不得的事。那就是即使吃下薑黃的主要成分薑黃素，也幾乎不會被人體吸收。但是如果跟牛奶一起混著喝，便會產生乳化現象，讓脂肪的粒子中變得容易吸收薑黃。

── 在印度料理中不可缺少奶製品。像優格、奶油、酥油、鮮奶油等，會將這些東西與薑黃一起料理。

I　對啊！所以阿育吠陀的人們，雖然不知道「薑黃素的水溶性低」這件事，但他們知道「跟牛奶一起喝很有效」。另外，如果要說到學西醫的人到底在研究些什麼，那就是從薑黃中提煉出薑黃素，然後將它放進人工的脂質膜內，再進行人體實驗。但是在咖哩飯中，原本就會使用薑黃和牛奶，那應該是這種想法的由來吧？

── 原來如此，還真有趣呢！

I　還有更有趣的呢！黑胡椒中的成分「胡椒鹼」(piperine)，具有抑制薑黃分解的功能。所以兩者一起使用，可以促進薑黃的效果。

── 在印度料理中，黑胡椒和薑黃是哥倆好。南印度的喀拉拉邦以前因胡椒貿易而繁榮，辣椒的話，則是在許久以後才傳進印度。

I　雖然阿育吠陀中，並沒有對此作什麼分析研究，但一定也是有某種原因將兩者組合在一起。基於這個原因，現在才會想要用西洋醫學的方法來找出蛛絲馬跡。

── 分子料理學也是如此。我對用西方醫學觀點來解釋的這一點真的很感興趣。我去拜訪法式料理的主廚，他說在熬煮法式高湯時，途中浮出的油脂一定要徹底撈掉。因為油脂是一種可加熱食材的工具，燉煮的時間一長，油脂會發生氧化作用，所以不需要吃進體內。在印度料理中，其實也有相同的作法。在剛開始料理時，在鍋中加進大量的油，當燉煮完後會將浮在表面的油脂撈除丟棄。問他們為什麼要這樣作，只有得到「不知道，就是要這樣子做就對了。」這樣的答案。

I　只是他們不知道原因，其實有方法可以解釋的。

雖然香料具有藥效，但也帶有毒性

── 印度料理中有趣的是，它們沒有調味料。只用油、水、香料、食材來製作，就像不用酒、味醂、高湯、醬油這些東西來作日本料理一樣。我覺得在這其中一定有什麼原因。在西方料理中因為要提煉出食材的鮮美，而熬煮高湯，再搭配酒調製成醬汁，這種作法還是朝著享受用餐時光這方面所產生的想法吧？印度料理在這個方面，就感覺有些不同。

I　如果要說醫學研究人員在這方面作了什麼研究，那就是提煉出某種特定的有效成分吧？然後再研究這種成分會怎樣與細胞進行結合。

── 舉例來說，就像從薑黃中提煉出薑黃素……

I　提煉出薑黃素後，看它們會與細胞中的哪一種蛋白質結合？在人體細胞中有 10 萬多種蛋白質的存在，每一種都各有作用。像是與糖尿病有關的蛋白質、與發炎有關的蛋白質，或是與癌症有關的蛋白質等。針對這個蛋白質的作用、功能會提升或是下降來作調查。用上下晃動著試管的方式，觀察蛋白質的結合狀況來作實驗。因此，可以瞭解吃咖哩可以治療糖尿病的這種說法，這中間是基於什麼樣的機制才會有這種效果發生。也有人說咖哩具有抗發炎的功能，原因即在於薑黃素可以抑制製造發炎物質的酵素蛋白。

── 所以，香料在西方醫學的領域裡，像以薑黃來說好了，已經不是在討論它到底是藥品，還是不算藥品的層次。

I　嗯！對啊！像以阿斯匹靈來說，它就是從柳樹皮中發現的化學物質。

── 原來是這樣。原來阿斯匹靈是從那裡提煉出來的。

I　現在西方醫學中的藥品，有很多都是像阿斯匹靈一樣，從植物中提煉出來的。

── 那如果奇蹟似的進行的十分順利，是不是也有可能在用香料製作咖哩的階段，成功提煉出具有藥效的成分？

I　只是在阿育吠陀的年代，沒有技術和設備可以加溫到 200 或 500 度，也不可能有色層分析的技術，一定是只有鍋釜、木柴和水這些傳統工具，而有這樣的發現。其實也不應該用牛奶，如果有脂肪膜的膠束（※註 3）則更好。我想當時應該是無法取得膠束，才用牛奶替代。

── 所以用藥膳咖哩和印度料理的觀點來說，一定是基於「因為有阿育吠陀的印度傳統醫學作背書，所以應該對身體有益」的想法吧！那有沒有針對為什麼會有效的這點來作實際分析呢？

I　我想並沒有。

── 那我現在瞭解哪種香料具有抗氧化的功能。不過要如何處理香料？要怎麼加熱才能發揮其功效？應該要與油脂結合比較好呢？還是與水結合比較好？要單獨使用還是混合使用？要混合的話，要怎

麼混合？然後會發生什麼樣的反應？對這些疑問，我還是希望用西洋醫學的方法來進行實驗分析。

I　正是如此。用西方醫學的角度與方法，來分析阿育吠陀這個有數千年傳統的體系。

── 最後一個問題是，香料帶有毒性嗎？

I　毒是針對藥品來說的。世界上所有稱為「藥」的化學物質，都有各式各樣的作用。以醫學研究人員來說，對我們有利的作用就把它擅自稱為「藥的功效」，相反的對我們不利的作用就稱為「毒」。

── 也稱為「副作用」。原來是這樣。毒便是指藥品，藥品就一定會有毒性。

I　對！為什麼在西方醫學中藥物和毒性有很明顯的界線呢？這是因為藥品原本在自然界中，只有少量的存在。而一但經過化學合成，便會以在自然界中難以想像的數量集中在一顆錠劑裡。所以也因為如此，很容易產生毒性。

── 所以一定要依照醫師的處方使用。

I　對啊！日本有一句諺語「医者の薬もさじ加減」，就是說不管醫生想用的藥有多麼好，劑量沒有拿捏準確，就無法發揮藥效。如果不依照剛好的劑量定期服用是無效的。飲食也是一樣。所以從這個意義上來講，「以飲食養生」的這個觀念應該是最恰當的吧！

註 1：ATP
指三磷酸腺苷 (adenosine triphosphate)，是所有細胞合成時都需要的能量物質。生物進行呼吸作用或進食，都是為了要合成 ATP。

註 2：SOD
超氧化物歧化酶 (superoxide dismutase)。擁有強力分解細胞內產生的活性氧 (氧化壓力) 的功能。因為有這個功能，進行為了製造 ATP 的有氧呼吸時，也可以讓如同工業廢棄物的活性氧無毒化。

註 3：膠束 (Micelle)
指來自於脂肪膜的細微粒子。藉由在膠束中填入各種含有藥效的成分，改善吸收和代謝的狀況。

石川義弘 (Ishikawa Yoshihiro)
橫濱市立大學研究所醫學研究科循環控制醫學教授。擔任過哥倫比亞大學、哈佛大學醫學系助理教授等職，在 1998 年時擔任現職。原羅格斯大學醫學系教授、醫院循環器內科的指導醫師。原研究所醫學研究科主任、日本生理學會、日本醫療學會、日本病態生理學會、日本循環控制學會的理事、幹事，日本循環系統學會、日本心臟不全學會、日本內分泌學會、日本心血管內分泌代謝學會、日本藥理學會的評議員、代議員。第 90 屆日本生理學會大會長。日本和美國的合格醫師、醫學博士。美國內科醫師學會會員 (FACP)、美國心臟病學會會員 (FACC)、美國心臟協會會員 (FAHA)、歐洲心臟病學會會員 (FESC)、英國皇家醫學協會會員 (FRSM)。日本內科學會綜合內科專門醫師、日本循環系統學會專門醫師。與丁宗鐵學習中醫、是水野仁輔印度咖哩一派的徒弟。認為自己的女兒說，「爸爸做的咖哩變好吃了」是其重要的生命價值。

主廚的香料觀

用香料咖哩這種很陌生的詞彙，大家可以理解嗎？從 2010 年開始我對這個問題便十分煩惱。那時在思考要為一本只用香料來做咖哩的食譜，取個書名。不過當時正是使用市售「咖哩塊的全盛期」。在個人所知的範圍內，「香料咖哩」這個詞彙並不存在。雖然有點擔心，但還是想挑戰一下。已出版的《簡單做出道地咖哩》這本書，卻意外得到大眾的熱烈迴響。我對自己創造出來 (或許是自己認為) 的「香料咖哩」一詞，能為大眾接受感到十分興奮。

在那之後過了一段時間，大阪出現了香料咖哩這一個新領域，而且聽說人氣很旺。我查了一下相關資料後發現有不少咖哩店在這個料理領域中互相競爭。每一間餐廳的咖哩香氣都各有特色、在清爽的醬汁中帶有多層次的鮮美。有師承於印度咖哩或斯里蘭卡咖哩的傳統派，也有店家自行獨創、充滿各家特色的創意咖哩。現在回想起來，這也許是時代潮流影響的關係。

北海道的湯咖哩，也是跟大阪的狀況一樣，從原本沒有這個名詞的時代開始，到某個時間點上，很偶然地有某些店家提供湯狀咖哩給客人，而深受好評。同樣的，大阪的香料咖哩也沒有用「香料咖哩」這個名稱，卻有一些作為試探市場反應的先鋒咖哩店存在，像是 RUE DELHI、Kashmir、KALUTARA 這三間大阪的店家。這次我要拜訪的店家是從延續這股香料咖哩熱潮的店家裡，以使用特殊香料而知名的餐廳中選出以下 4 間：Columbia 8、Goyakura、Bumble Bee、Kyuyamutei，進行訪問。然後，再針對大阪、東京和北海道等以香料製作咖哩而知名的店家主廚，進行有關香料的問券調查。他們有許許多多關於香料的自由創意和點子，十分有趣。希望能與各位讀者分享這些主廚們的香料觀，瞭解他們備受香料魅力吸引而不斷全心投入製作咖哩的原因。

Ogeemeal ★

Columbia 8

1

香料間的「平衡」

—首先想請教你最喜歡的 5 種香料是什麼？

Ogeemeal ★（以下簡稱 O） 不是 5 種的話不行嗎？如果要說少量的話就只有 4 種。肉桂、月桂葉、孜然、綠荳蔻。

── 欸？挺有趣的喔！是哪 4 種啊？

O 判斷標準是以我自己感覺好或不好來分。如果我自己不喜歡的話，就不考慮。因為我之前一直擔任 DJ 的工作，所以我對所有香料的分類，都以音感的標準來作判斷。聽起來好聽、最容易接受的音調才會列入整體樂曲編輯的考量範圍內。一個好聽的音質，可以將它分為「高音、中音、低音」三個部分去調整音頻的高低。在我自己的標準裡，屬於「低音」的是大蒜、薑和肉桂，中音的話則分成好幾種，但連接中音和低音的則是月桂葉。

── 我第一次聽到這種分類方式耶！

O 想開咖哩餐廳的念頭，大概是在 14 年前左右吧？當時的自己也還在摸索嘗試的階段，用自己的方式去詮釋食譜、拿捏香料的使用份量，花了好幾年的時間在試作咖哩，實在不是很容易的一件事。在較具規模的活動中端出咖哩後，會再一一詢問大家的感想，「你覺得如何？你覺得怎麼樣？」然後大家就會回答說「這個味道有點不夠吧？」或是「不是應該要像這樣子嗎？」在這樣嘗試錯誤的過程中，比較瞭解了各種香料的特性時，突然想到了一件事。「欸？等一下喔！如果把調配香料想成像操作混音器的話，我就把它當作是在平衡香料那不就好了？」一想到在酒吧擔任 DJ 時，是怎樣調整讓大家聽到的音樂時，便會考慮到把感覺最喜歡的音調成高音、其次的要調成中音、然後要把低音擺在什麼位置的這件事。我自己以前就是相關技術的專業啊！如此一來，高中低三種聲音便能構成一個堅實的三角架構，成為一種好聽的音樂！就像人聽到音樂時會先感受到快速又尖銳的高音，最後則是用低調沉穩的低音作結一樣。我試著用這種平衡音調的手感，去調配香料後，就像點通了穴道般「啊！就是這樣！」理解了其中奧秘，之後就進行得非常順利。

── 原來平衡音調、詮釋樂曲跟製作咖哩有異曲同工之妙。

O 所以雖然是很隨便的分類，就有了一種概念。像黑胡椒應該要放在哪邊？以平衡音調來說，丁香應該要歸在這裡，這樣試著用自己的方法去為香料分類。這樣一來就突然會感覺到哪些香料可以搭配在一起？最後擺盤時再做細微調整，以達到最完美的狀態呈現在客人面前。我心裡最喜歡的是綠豆蔻，它具有十分特殊的香味，這香味便是整體味道的重點。因為最喜愛的香料是綠豆蔻，我就以要如何呈現綠豆蔻的香氣為主題，為了這個目標，其他方面要怎麼做搭配的這個概念來思考咖哩基底和整體香氣的調整。

── 那就是像肉桂屬於低音，作為串連兩種香氣橋樑角色的中音是月桂葉，高音則是綠豆蔻的這種感覺？

O 中音的部分還有孜然，這樣算來的話就有 4 種。所以如果要說哪 5 種香料的話，比例就會有點不平衡了！

── 實在是很有趣呢！

O 印度人看到我做的咖哩時，很可能會產生像我們日本人看到加州卷時的反應，覺得「這是啥東西？不過又很受大眾歡迎耶！」我想應該是那種感覺吧！

不讓客人直接品嘗咖哩的原因

── 在端出咖哩到客人面前時，從用餐吧檯處可以看的到廚房內，荻野主廚不是會有一套自己獨特的程序來完成這道咖哩嗎？我沒有見識過這種場景耶！就像在看一場有點嚴肅的儀式一樣。具體來說

是怎樣的一種情形呢？

O　鍋內的咖哩只作到中音的程度。因為最後高音的感覺稍縱即逝，所以最後擺盤時再補足中、高音的部分。先準備好咖哩醬和白飯的作法，我總覺得不太能達到我的要求。我覺得從舌頭感受到的味道對人類的觀感或想法影響很大。每個人小時候不是都曾經在家中吃過咖哩？所以譬如說有一位客人第一次來到我的餐廳，他說：「請給我咖哩，現成的就可以了！」，於是我回答：「現在有羊肉咖哩！」如果這樣，那位對自己餐廳的咖哩完全沒有認識的客人，他的舌頭或味覺感受一定是以他自己所熟知的味道標準來品嘗。然後這位客人以他自己平常的步調非常迅速吃完餐廳的咖哩後，一定會有滿頭問號，覺得這到底是什麼？所以我會試著先讓客人有點心理準備，說：「這道咖哩，我想跟你以前所知道的應該有一點不同！請給它一個機會仔細品嘗一下！」讓客人先做好品嘗自己餐廳咖哩的心理準備。那擺盤時的設計也是一樣！跟做音樂時的概念相同，客人是怎麼樣接收這些香氣所要傳達的訊息，非常重要！而營造品嘗香料咖哩整體環境所不可或缺的要素，就是對比效果。

── 對比效果？像是在西瓜上灑鹽一樣嗎？

O　對！為了要讓客人容易感受到香氣，要怎麼做才好呢？在料理上也是要講求對比。在思考要怎樣把這種感覺帶到自己作的咖哩中時，我想到一個辦法，就是要先準備一點人們不喜歡的味道。除了苦味之外，就是酸的東西，這兩種味道通常人們不太喜歡。於是我便特意把這兩種味道獨立出來，不跟咖哩混在一起，所以在我的餐廳裡，咖哩上面有擺炸獅子唐青椒，而且搭配葡萄柚果汁，這兩者正是苦味和酸味的組合。這樣一來，客人就會比較容易接受咖哩的香氣。

── 所以大家都會像我這樣一邊吃著炸獅子唐青椒，一邊品嘗咖哩？

O　正是如此。用這種有點複雜、平常並不會想到的方式，讓客人以間接的路徑來品嘗我做的咖哩，結果，還真的有達到理想的效果。如果某天綠豆蔻的品質很好，整體的味道感覺就會像等腰三角形。如果今天想玩點變化，也有可能讓整體味道的結構不再像三角形，但基本上來說，還是會讓客人感受到味道與香氣平衡的三角架構。

── 那如果有兩位客人一起來用餐，兩人點不同的咖哩分享，這樣一來，味道與香氣的鐵三角不就崩解了嗎？

O　對啊！但也不會那麼嚴重啦！只要客人吃得開心就好。

── 那在心中對低音香料到高音香料都有定案，也就是說能明確訂出喜歡的 4 種香料，是在什麼時候呢？

O　在開始經營餐廳的不久之前吧！那時的經驗也是一個個在嘗試中累積起來的，像丁香放太多，覺得「實在很難吃」這樣。我覺得香料的味道、香氣或使用方法真的得靠自己去努力學習，不可以完全靠問別人，因為這是很主觀的感覺。

── 這樣的話，你的想法已經可以完全融入、表現在餐廳的咖哩之中了吧？也就是這間餐廳咖哩「獨創性」的證明！

O　現在關西地區的咖哩派別已經分得非常細，像有南印度派或斯里蘭卡派等，但以基礎來說，還是「只要有趣就好」的這種關西人獨創精神。能接受這種新創咖哩的客人範圍還挺廣的！所以我想是跟這裡當地的風氣有關。

── 除了可以組合成三角結構的 4 種香料以外，會使用其他的香料嗎？

O　會使用很多種其他的香料。「這種香料還是應該要歸類在這邊」，我的腦袋會立刻把香料轉換成音符來思考它應該歸屬於哪一類。就像腦袋中有一台混音器，還有一台唱片播放器，來搭配香料的感覺。

── 那具體來說，在完成一道咖哩之前的擺盤作業會怎麼做呢？

O　首先呢，我會在白飯上撒大量的乾燥巴西利，再往上頭淋咖哩醬汁。淋上醬汁後，先前灑下的巴西利會變成放射狀的綠色圓形。我很喜歡那樣的顏色搭配，也是為了讓咖哩的外觀更好看。然後用鍋鏟將飯上的醬汁往周圍撥開，確認一下有沒有原形香料在裡面，有的話就拿起來丟棄。然後，為了讓咖哩散發出烘烤過的堅果香氣，會灑上腰果粉，這是我覺得可以讓客人更容易感受香料魅力的工具之一。接著我會在這些東西上面再添加「甜味、苦味、酸味」。因此，帶有甜味的葡萄乾、酸的醃黃瓜和鹹的醃漬四季豆等都是我的選擇。在咖哩醬汁裡我幾乎不用鹽，因為讓這個鹽漬四季豆變成衝擊味覺的焦點即可。我個人將此稱為味覺的爆點。

── 這樣子啊！然後在最後擺盤時放上微苦的酥炸獅子唐青椒。以前大家對咖哩的思考，都是如何在一個料理鍋內結合所有的元素。但你卻顛覆這個傳統觀念，反而一一拆解各個元素，然後讓客人在食

用時感受到主廚整體設計創作的手法，真是十分有趣。

O　因為我去瞭解了「吃」這個行為的內部架構。這樣一來，我便知道因為這種料理組合會造成這種作用，所以會讓人感覺到美味。我覺得把所有食材都混合在一起也滿浪費的，明明都已經做了那麼美味的咖哩。

── 一般的音樂迷都是聆聽已創作完成的音樂吧？但因為 DJ 的工作正是依照音質或是樂器的不同進行拆解，再重新排列組合，所以我便將這種基礎架構利用在製作咖哩上。而所謂的以香氣為主要考量來製作咖哩，正是因為咖哩的主角都是香料吧？所以為了要如何去襯托出那些香氣，而有像腰果或獅子唐青椒這些許多其他工具的存在。

O　對啊！去 PUB 的話，不是就會有雷射燈光或煙霧等這些營造環境氣氛的東西嗎？或是裝比較高級的音響，我覺得就是這個概念吧！

香料就像唱片

── 在這樣一一嘗試錯誤的實驗中，有沒有讓你難以駕馭的香料，或是改變以前的看法而變得十分喜愛的香料呢？

O　我最喜歡的還是孜然和綠豆蔻吧！那難以駕馭的香料是哪一種呢？應該是葫蘆巴吧！它不是會苦嗎？我就覺得這到底是啥東西？剛開始還不知道它的用法，拿去燉煮真的非常苦。後來才知道葫蘆巴一定要用油加熱（※註2）才行。然後在發現了葫蘆巴的氣味其實就是大家所熟悉的咖哩香味時，也非常感動。有很多類似這種的發現。

── 我覺得稱為大阪香料咖哩的這一類，都比一般普通的咖哩重視整體視覺的呈現耶！不過 Columbia 8 又有所不同，完全是展現另外一種概念。

O　對啊！應該是我的運氣較好，可以慢慢從這方面累積成長吧！

── 像你以前在做 DJ 時，有時也會想要聽點嘻哈音樂一樣，你會不會想要嘗試做些以不同香料元素構成的三角組合製作咖哩呢？

O　會啊！會啊！我常常有這種情形。在平日的下午 1 點以後，餐廳會有一個稱為老客人隱藏版菜單時段，這時會做些與平常不同的咖哩。我想繼續大量創作這樣的咖哩，只是實際情況有點追不上我思考的速度。

── 這樣很有趣吧？因為有各種三角架構的組合型態！

O　我會在夏天試著推出海鮮咖哩，冬天最想做的則是「牛筋燉白蘿蔔咖哩」。

── 東京和大阪的咖哩餐廳最大的不同點在於兩者的思考架構吧？重視獨創性，想要把自己獨特的思考、概念呈現在料理、店面中，這是一種很特殊的魅力。

O　是啊！我認為這應該是與關西人特有的個性有關，像熱情、開放、不拘小節這種類似拉丁裔的性格。所以很奇怪的，咖哩餐廳都聚集了很多個性與眾不同的人。

── 那香料會讓人上癮嗎？

O　嗯！綠豆蔻裡面不是有一種東西叫血清素 (Serotonin) 嗎？雖然綠豆蔻本身由小腸吸收，但據說吸收後的成分傳遞到大腦內，會產生一種令人感覺到幸福的荷爾蒙。而香料中最有效的，據說就是綠豆蔻！所以我餐廳內有很多咖哩都加了綠豆蔻。

── 我聽說綠豆蔻有催眠的效果。不過綠豆蔻不是很貴嗎？這樣餐廳經營得很辛苦吧？這麼大量使用綠豆蔻。

O　對啊！不過我不會在意這一點。把自己想做的東西做好，自然就會成為一項優勢了！

── 之後想要挑戰的咖哩是哪一種呢？

O　食材嘛！我對蔬菜特別有興趣耶！覺得蔬菜和香料實在是很了不起的兩種東西。在用蔬菜時，不是不需要那麼多種香料嗎？這時便覺得蔬菜真的跟味噌湯很像。所以如果我自己以後要鎖定範圍再深入鑽研，以調整音程來說，就是極簡、最小化吧！想要研究要怎麼切，才能讓蔬菜充分釋放原有的鮮美？想用無農藥栽培的美味蔬菜來試做看看。

── 在客人之間好像也有「之後 Columbia 8 好像會朝極簡主義發展」的傳聞。想請問荻野先生，對你而言，香料是什麼樣的一個東西？

O　香料對我來說，就樣唱片一樣。

── 因為沒有唱片的話，DJ 就無法工作？

O　對啊！沒有香料也沒有辦法完成咖哩。

Ogeemeal ★

Columbia 8 的老闆。2002 年時首次接觸香料，之後的 6 年內，在各家餐廳中累積多樣的餐飲業實務經驗。後來提出在周六時，於擔任 DJ 所在的 PUB，供應咖哩給客人享用的「咖哩與音樂」這個全新點子。2008 年時，籌備已久的咖哩餐廳 Columbia 8 終於開幕，雖然已營業 8 年，但仍舊保持著「我心中還是只有咖哩」的專注與熱情向前邁進。

西川　直 (Nishikawa Tadashi)

Goyakura

2

想研究不用油提出香料香氣的方法

── 我對 Goyakura 的印象，是間強調以日式食材、和式咖哩為主要訴求的餐廳，走的是自我獨創的風格。首先想請教對「5 種喜愛香料」問券調查的回答是什麼？

西川 (以下稱 N)　好。我就選我最近常用的香料來回答。第一個是山椒。因國家和地區的不同，會有許多種類的山椒。我大概將其分為兩大類，一個是中國山椒，另一個便是日本山椒。而中國山椒還分為紅色的「花椒」和綠色的「藤椒」兩種。兩者的香氣截然不同。

── 啊！好香啊！我喜歡的四川料理店中有在賣山椒油，那種油也散發出一股迷人的香氣。

N　有去中國旅遊的客人買山椒油送我。中國是個善用油來做料理的飲食文化大國。

── 因為油與香料之間的使用關係，中國和印度是相同的。不過，想請問你為什麼會喜歡山椒呢？

N　是因為很普通的麻婆豆腐。因為有人說「麻辣」是種很有特色的味道，所以我在店裡用味噌作基底，推出名為「麻辣絞肉」的咖哩。然後想試著將其中的花椒，換成日本產的山椒，而尋找到一間京都日式香料店的山椒粉，那便讓我愛上了山椒的香氣。我覺得味噌、醬油和山椒這三者的味道真是絕佳的組合。

── 喜愛山椒的飲食風潮，其實也持續了好長一段時間了！

N　已經成為我餐廳內的招牌料理。第二種香料則是蓽拔 (Long Pepper)，就是沖繩胡椒。這種香料有種難以言喻的獨特香氣，在我的使用方式中，因為單獨使用的氣味過於強烈，難以和其他香料搭配，所以我都用在有湯湯水水的咖哩。像與其他香料作搭配，然後在最後起鍋裝盤前使用。目前想要讓香氣釋放出來的話，通常都是用油或加熱這兩種方法，但在我的料理中，如果拿水和油的份量相比，水的部分會占大多數。油則是用在炸豬排的時候，其他部分幾乎很少用到。所以要說印度人做的料理比較香嗎？那倒也未必。

── 印度料理中的用油量十分可怕！

N　果然是這樣！想要讓客人每天食用的話，我就不會用太多油。因為有的客人會一周來個3到4次。

── 蓽拔本身的香氣雖然強烈，如果只是撒在料理上，那香氣還算柔和，可以讓整體達到一個平衡點。

N　對啊！我第一次接觸蓽拔是因為有客人去印度買回來送我。我喜愛的第三種香料是芹菜籽。雖然我自己餐廳的料理基本上是走日式風味，但想在其中加一點西洋的味道時，還滿常使用芹菜籽。

── 應該跟熬煮法式高湯時，會加入西洋芹一樣的感覺吧？

N　加了水之後，會釋出香氣，然後再灑上芹菜籽。最後兩種香料，則是中國肉桂和丁香。餐廳裡「雞絞肉咖哩」的主要香料便是中國肉桂。

── 綠豆蔻沒有列入其中嗎？

N　綠豆蔻類的使用比例很低。因為在剛開始料理的時候，想要讓自己的料理較有特色，所以不使用它。

── 那你對中國肉桂和丁香的喜愛程度是相同的嗎？

N　對啊！喜歡它們那種苦甜的感覺。大概都是起鍋前使用，所以多是用粉狀香料。在雞絞肉咖哩中，則是當作基本香料 (※註1) 來使用。而我餐廳裡的基本香料也不用油來加熱翻炒。

── 什麼？基本香料不用油炒嗎？

N　丁香的原形香料不是很硬嗎？為了方便食用，便用高溫和洋蔥一起水煮。這種作法意外地可以讓香料釋出香氣。在作雞絞肉咖哩時，孜然也和丁香、中國肉桂、洋蔥、大蒜、水一起放入鍋內，再一口氣將火開到最大去燉。所以洋蔥會變成帶有丁香的褐色。燉煮到這種程度，丁香已經完全是柔軟的狀態。有加丁香和沒加丁香的差別真的很大。當然我知道用油可以很容易讓香料釋放出香氣。

── 不用油的作法是從早期就開始嗎？

N　一開始是有用油的。但漸漸地減少用油的份量，最後變成完全不用。如果是在食用時，可以對身體有益的油，那倒還好，不過那種油價格很貴吧？餐廳裡用花椒和藤椒製作辣油時，會使用油，除此之外則盡量不用。在我餐廳裡要提煉出辣椒辣度的話，會加點酒。

── 是用哪種酒呢？

N　是用日本酒。雖然這是我自己的理論，但是我覺得使用帶有辣味的香料粉末時，當那些粉以細微點點的狀態接觸到舌頭表面時，會產生令人刺痛的感覺。但是，如果將辣度轉移到酒中，那點狀的刺痛便會擴張成大面積的痛覺。

── 比如說有一鍋燉煮洋蔥的咖哩基底，如果裡面沒有油，加入粉狀香料時沒有處理好的話，就容易吃起來感覺粉粉的。

N　對！料理的最後階段時會將火關掉，再將粉狀香料一股腦兒放進鍋裡，利用餘熱去悶煮。因為雞絞肉咖哩是使用雞胸肉，燉煮後雞皮的油脂會浮在表面，粉狀香料便在那裏與料理互相融合。

── 原來如此！因為油脂是以溫熱的狀態浮在表面，所以可以與香料結合啊！這樣一來，如果將這個原理發揮到極致，就是料理一開始也可以不用油去炒香料了。在印度料理中，一開始會用大量的油，基本上也是為了要加熱原形香料使其釋出香氣。在炒乾洋蔥等增添香味的蔬菜時，因為釋出水分後油脂便會浮出，粉狀香料便在此時與油脂結合。而使用大量的油還有其他原因，就是想用油炸的方式來加熱洋蔥，這樣較容易看出洋蔥脫水的狀態。但是在燉煮完成後，因為「不想把這些油吃下去」，便將浮在表面的油撈除丟棄。

N　我是盡量避免使用！在製作基底時也盡量不用奶油。

── 請問使用的香料種類有哪幾種呢？雖然與餐廳提供的料理種類也有關係。

N　除了大蒜、薑之外，有 5 到 10 種左右。

── 這些香料除了剛剛提過的前 5 種之外，還有其他特殊的香料嗎？

N　我會把乾燥的葫蘆巴葉磨成粉來用。

── 乾燥的葫蘆巴葉現在已經變成大阪香料咖哩的提味主角了！

N　終於登上舞台了呢！

── 對啊！登上舞台了(笑)！我第一次看到它時，真是備受衝擊。竟然把乾燥的葉片當成擺盤裝飾撒在咖哩上？以印度咖哩的概念來說，我實在難以相信直接使用乾燥的葫蘆巴葉且不經加熱。不過現在卻大大流行了呢！

N　把香料原形擺在盤子上會帶給人全新的感受！在我餐廳裡會分別使用乾燥的芫荽籽和新鮮的芫荽這兩種類型。而新鮮的芫荽則帶有完全不同的香氣。

── 那使用多種粉狀香料時，會以什麼標準作篩選？有調配的比例嗎？

N　我沒有去量，就是用自己的感覺，邊做邊試味道。就會知道這種香料如果再多放就會超量，會破壞整體的平衡。

Goyakura 獨特的香料分類

── 是以什麼感覺在創作新口味的咖哩呢？會看手上有多種香料，想說試著組合某幾種嗎？

N　我首先考慮的是食材。用食材製作完基底後，才會開始想要放什麼香料。跟顏料的道理一樣。

── 至今為止你已經使用過多種香料，想請問有沒有失敗的經驗？或是經過一番煩惱後終於找到解答的情形呢？

N　以使用份量來說，最困難的要屬葫蘆巴籽和葫蘆巴粉。加太多會整個變苦，在份量的增減上很有難度。

── 那有沒有以前常用，最近卻不太會用到的香料呢？

N　應該是香荳蔻吧！因為我會連皮一起用，所以有一種難以形容、鄉下木造小屋的味道，或是一種像陽光曝曬後，具有獨特味道的種子。讓人覺得這真的是荳蔻嗎？那時常常拿香料原形碾碎後使用。然後，還有大茴香。帶苦甜味的香料種類，像八角、大茴香、蒔蘿等，在我心中是歸納成同一類。

── 在具苦甜味的這一點上，中國肉桂和丁香也屬於同一類嗎？

N 對！這兩種也屬相近種類。

── 還有其他常用的香料類別嗎？

N 像芫荽、綠豆蔻這一類吧！

── 孜然沒有歸入這個類別之中嗎？

N 以我的感覺來說，孜然另成一派。山椒會跟辣椒是好朋友，兩者的相乘效果十分驚人。除此之外，還有紅椒粉、薑黃這一類。

── 紅椒粉和薑黃屬於同一類啊？這兩種我都很喜歡，它們的香氣實在很棒！

N 像自己在做烤肉串 (Tikka) 這類的料理時，也會想要加點紅椒粉的香氣進去。因為不辣也沒有關係。薑黃的話，則是剛開始時會想「是為了什麼目的要加薑黃？」

── 跟我幾乎完全一樣！

N 然後在使用香料的過程中，漸漸實際體驗到薑黃香氣帶給咖哩的影響。

── 正是如此！幾乎所有的咖哩書籍上都寫著香料有 3 種功能，就是增添香氣、增加顏色和辣味三者，孜然和芫荽是增加香氣、紅辣椒則是增添辣味、薑黃則是增加色彩。我覺得這就有點奇怪了，因為明明紅辣椒和薑黃粉都很香！

N 我發現薑黃跟油和熱度真是十分搭配。

── 我實際體驗到薑黃的重要性，是在思考咖哩粉和葛拉姆馬薩拉這兩種有何不同的時候。用咖哩粉可以作成咖哩，但同樣食譜用葛拉姆馬薩拉代替，就不會成為咖哩。這兩種香料的成分組合幾乎相同，但存在於咖哩粉中、葛拉姆馬薩拉裡面卻沒有的只有兩種香料，那就是薑黃和紅辣椒。所以我才了解到，原來我們享用咖哩，且認同那是咖哩的主要元素正是在這兩種香料身上。

N 這兩種香料也有綜合整體風味的效果呢！

依客人喜好而改變調配比例，個人專屬香料罐的設計

── 那 Goyakura 餐廳桌上擺著的這罐綜合調味料是什麼？

N 是給客人自由使用的辣味香料。這在開店時就開始這樣作了。

── 因為對辣度的喜好因人而異吧？

N 所以在我餐廳裡每個常光臨的客人都有屬於自己的香料罐。

── 欸？那是什麼東西？

N 那是從餐廳桌上的香料罐變化而來的個人專屬香料！

── 是指為客人保存個人喜好的專屬香料罐？真是有趣！

N 在香料罐上都有標註客人的名字，每一瓶的香料比例都有所不同，店內都將這些資料記錄下來成為每位客人的專屬香料配方。首先會請客人決定想吃哪一種咖哩，然後以那種咖哩為標準，要調得比較辣或是要降低辣度。而關於香料的成分，大概可以依照客人選定的咖哩來鎖定目標。如果是芫荽、綠豆蔻的味道比較突出的咖哩，那就會詢問客人是要補足這兩種香料的香氣、還是要多加一些氣味較柔和清爽的香料呢？都會像醫生在問診時一樣，詢問客人的喜好來製作每位客人的專屬配方。

── 那客人專屬的配方就像每個人在醫院的病歷一樣。餐廳裡的咖哩沒有固定食譜，但每位客人的香料罐卻有一定的比例和使用份量 (笑)。那如果是要作西川先生你自己專屬的香料罐，會是桌上放的這一瓶嗎？或者會放像之前提到的你喜愛的前 5 大香料呢？

N 那又是另外一回事了！我喜歡的香氣是屬於咖哩粉的香味。目前為止我試過許多廠商調配的咖哩粉，最喜歡的是 Indira (インデラ) 公司的產品。

── 想請問你覺得以咖哩來說，香料是什麼樣的一個存在？

N 是可以代替調味料的東西，也是在最後可以統整所有味道的重要角色，有這兩種功能。

── 也就是說香料是形成咖哩味道基底或架構的重要元素，同時也是起鍋前提味的關鍵。

N 那也依照基底種類的不同而有改變，會依食材種類選擇適合的調味方式。在我餐廳中除了用鹽調味的方式外，還會用味噌和醬油。

── 味噌和醬油的味道、香氣要說起來也可以算是一種香料吧！

N 對啊！還有那種加熱過後的焦香味和鮮甜的感覺！我覺得想出把鰹魚和昆布兩者組合起來的人真

是天才！只有昆布高湯的話，會感到有點苦甜。鰹魚高湯則有一點酸味和烘焙過後的香氣。但兩者結合起來的味道就十分完美。

── 會想要用日式香料作香料咖哩，是因為想作出自己的風格嗎？

N 對啊！在開店之前便覺得「如果要做生意，一定要與眾不同才行」！所以我也沒有去訪查試吃過其他咖哩餐廳，因為不想受其他餐廳影響。儘可能的不接收外來資訊，用出現在自己腦海的想法去嘗試，自然而然就能夠作出自己的風格。

── 結果便造就了 Goyakura 超特別的咖哩。

N 從前，我盡量會在早上磨製香料，然後趁新鮮時使用完畢。因為磨粉的香料放了一個晚上後，香氣就會有所改變。不過最近我改變了這個方法，反而在嘗試不讓香氣特別突出的用法。大概就像不會特別讓哪種香氣顯現出來，而是會讓客人覺得「啊？裡面有加這種香料嗎？」的這種感覺。

── 在累積了經驗後，好像就會朝這個方向發展了！就像是年輕時的個性都很尖銳，但漸漸隨著歲月的增長會磨平稜角變得圓融一樣。實力提升之後，就會有所餘裕。也許即使不想特別突出自我，但自然而然就會在料理中顯現獨特的風格。

N 剛開始時，我會作出讓客人容易辨認的咖哩。像「有感受到香料的存在嗎？覺得如何？」這種感覺。

── 就像想讓客人有「Goyakura 就是這種味道」的感覺。在西川先生心裡，香料是什麼樣的一個存在呢？

N 嗯！香料對我而言啊……到底是什麼呢？我覺得一定還有很多我不認識的香料。我很享受著尋找未知香料的過程，所以我現在最喜愛的是山椒和日本產辣椒。在休假時為了讓自己有新的發現，會來個小旅行。以山椒來說，我會選擇住在兵庫縣的朝倉，然後在沒有預約和任何事前聯絡的情況下，前往當地農會問：「請問能推薦一些種山椒的農家嗎？」

── 這樣真的很有趣呢！

N 對啊！去發現、尋找真的是很有趣的過程。也許香料是一種能讓我經歷這個過程的工具吧！

── 如果繼續維持這種方式，到 5 年、10 年或 15 年，甚至是更久以後，或許「Goyakura 的咖哩會變得沒有咖哩的味道」？

N 那正是我的目標呢！

── 也許客人會覺得，「如果不把那間餐廳叫做咖哩餐廳，那要稱那間是什麼餐廳呢？」

N 醬汁拌飯餐廳吧！

── 因為你是回到日本料理的出發點了吧！因為到底是怎樣的組合才能稱作咖哩的界線不再那麼清晰了。牛肉咖哩很好吃，牛肉濃湯也很美味，但如果作了像咖哩風味的牛肉濃湯，所有享用這道料理的人心中都會冒出許多問號。無法分類的東西很令人頭痛。我想 Goyakura 的情形也是這樣，如果是從以前就開始光顧的老客人，他們的味覺就像是跟隨著 Goyakura 一起成長一樣。如果是一般人突然接觸了這個味道，很可能會無法適應。

N 剛開店時，有很多客人會對這種味道表現出充滿疑惑的表情。但我覺得有這種反應也是難免，便不在意地繼續堅持下去，直到某個時候，客人就認同了這個風格，或者是說就能理解這樣的作法吧！這樣一來，能理解我個人作法的客人就會聚集在一起。雖然要達到這種程度需要花一段時間。

西川　直 (Nishikawa Tadashi)

和式咖哩　南船場 Goyakura（和レー屋　南船場ゴヤクラ）的老闆。經歷過牛仔紡織業界等各種職場後，在 2006 年 12 月踏進幾乎沒有經驗的餐飲業，在沒有任何餐飲訓練的情況下獨自開店，也在沒有任何相關知識背景和不願被定型的個性下創作咖哩。因為不想讓別人認為自己獨創的咖哩與世上其他咖哩餐廳的料理類似，2008 年，因為喜愛日本和「和式」食材，再加上配合自「我」獨創的含意，將自己親手打造的餐廳命名為「和レー」（「我」和「和」在日語中讀音相同）。

藤岡恆明 (Fujioka Tsuneaki)

Bumble Bee

3

店內香料的用量是印度餐廳的 3 倍！

── 想請教藤岡先生對香料的看法。

藤岡 (以下稱 F) 我做的咖哩不屬於印度咖哩一派，因為香料的使用份量和方法完全不同。乾燥的葫蘆巴葉、咖哩葉、月桂葉等會先加熱翻炒過。所以不喜歡香料的人無法接受我做的咖哩。

── 聽說你每天早上都會先翻炒香料？

F 對啊！明年就滿 10 年了！因為店裡有 9 種咖哩，所以時間上的分配也很不容易。

── 請問你一開始是怎麼學習香料的使用方法？

F 我是自己摸索來的。以前在道頓崛有一家印度餐廳叫做「Monty」(モンティ)，店內所有香料都是當天早上研磨或翻炒。我想朝這個為目標前進，但也不知道有沒有達成就是。

── 因為很花時間吧？

F 在自己家裡翻炒香料後，覺得「啊！這個也不對！那樣也不行」，連作夢的時候都夢到在調配香料，也會把夢到的香料比例拿來試作。

── 那漸漸地因為時間的累積，而得到一些心得了嗎？

F 對！所謂的香料組合種類，有上萬種、甚至是十幾萬種可能，所以 10 年前的香料使用方式和調配方式和現在也完全不同。

── 那問券調查中的前 5 大香料內容，如果是在 10 年前問，也和現在全然不同了嗎？

F 嗯！對啊！現在的第一選擇是肉桂原形。這個用大火翻炒過後，會發出類似線香的香氣，這一味是絕對不可少的。再來就屬香草類了！有乾燥葫蘆巴葉、月桂葉、咖哩葉。提到咖哩葉，我會用咖哩葉的也只有蔬菜咖哩。乾燥葫蘆巴葉則是所有咖哩都會使用。最後一種則是黑種草吧！

── 黑種草嗎？在什麼時候會使用它呢？

F 這種洋蔥的種子帶有甜味，香氣中也有特殊的甜香。所以我很喜歡，會把它磨碎來用。

── 黑種草和香草類植物經過翻炒後，顏色會變得很深。這種情況也反映在 Bumble Bee 的醬料中嗎？

F 對！以前我喜歡的香料是孜然籽和葛縷子，經過燉煮後會散發出獨特香氣。我很喜歡那種味道。

── 藤岡先生使用的香料份量應該算是很大量吧？

F 我曾被香料店開玩笑地問：「你喜歡的對象有哪幾個？」我回答：「15 個」，對方回說：「出貨給你的量比印度餐廳還要多 3 倍呢！」

── 這應該與食材的搭配、影響有關連吧？

F 到底是為什麼呢？以羊肉來說，因為有強烈的腥味，討厭這種味道的人便完全不吃羊肉。但如果也想讓討厭羊肉的人能接受羊肉料理，會思考要用什麼方式才能達到想要的效果。解決的方式便是大量使用香料和水果。

── 那你店裡每一種咖哩醬料中的香料比例，都會有所不同吧？

F 對啊！會依照冬天或夏天，變動兩次菜單。夏天會下較重比例的香料，通常大家在夏天時都會想要攝取較多香料，但基本上香料的調配比例沒有太大改變。

運用視覺和嗅覺，選用 30 種香料翻炒而成

── 在翻炒香料時會注意哪些細節呢？

F 因為翻炒時用的火很大，不小心就會著火。因為香料很貴，為了不要燒焦，就用中華炒鍋一次大量翻炒。

── 那翻炒時是以香料種類來作區分嗎？或者是已經調配好某個比例後再炒呢？

F 會把顆粒大小相同的香料一起處理。如果每種香料分開處理，會難以掌握每一種香料翻炒的品

質。

── 就是會從顆粒較大的香料先放進鍋裡翻炒。在早上翻炒香料時，滿室生香的狀態應該很可觀吧？翻炒香料的目的是想要提出那種香料的香氣、還是想要那種翻炒過後的特有香氣呢？

F 兩者都有。我自己的作法是會把所要用的香料都翻炒過。因為翻炒過後，香料的焦香感與本身的香氣會有大大的不同。如果要說以何者為重，應該是想要增加香料的香氣吧！

── 那翻炒完成的標準是什麼？當然我知道這跟自己的經驗很有關係。

F 用視覺和嗅覺吧！在電視上曾經看過咖啡豆烘焙工廠的報導。有經驗的烘豆師會一直緊盯著烘豆機的圓窗觀察咖啡豆的狀態。我就會覺得自己所做的事並沒有錯。這種事只能依靠人的感覺。

── 仔細的觀察真的很重要，一道咖哩會使用幾種香料呢？

F 大約 30 幾種吧，但我想可以再減量、鎖定一些種類。不過想要作出 Bumble Bee 特有的味道，也需要一定種類的香料。

── 基本上全部都會磨成粉狀嗎？

F 蔬菜咖哩會用以油炒過的孜然或葛縷子種籽。以前基本上都用粉狀香料，現在因為沒有那麼多時間，會把香料加水一起放進食物調理器中打碎。

── 就像是會先處理成香料泥那樣嗎？

F 對！

── 我認識的印度主廚裡，也有人會事先將粉狀香料溶進水裡。簡單說，可以用這個來控制鍋內的溫度。因為用食物調理機打成的香料泥不會完全呈現粉末狀，剛好可以作出研磨成較粗顆粒的感覺。

F 對啊！像八角就無法完全變成粉末狀。

── 在食用時會產生獨特的口感，和絞肉很搭。

F 可以呈現顆粒的口感。

── 在你使用的 30 種香料裡，有沒有一般人不認為是香料的東西呢？

F 有哪幾種？我在剛開始翻炒香料時會加黑糖。

── 那會跟翻炒洋蔥時一起嗎？還是在翻炒洋蔥之前就會加呢？

F 會和油一起放！

── 還挺特別的！會變成有點像裹上糖衣的感覺吧？

F 只要一加熱，就會融化了。我會用有「玻利維亞黑鑽石」之稱的黑糖。香氣濃郁且帶有強烈甜味。依照每批產品的不同，有時一開封就會傳來燒酒一般的氣味。但有時也會因為摻雜過多其他不純的物質，有發酵的感覺。

香料是一種藥品，也是自己的救命恩人

── 說到香氣，你店裡的肉也帶有像香料一樣的獨特風味。你原本就很喜歡肉類嗎？

F 我以前曾經是糖尿病患者。醫師曾警告我說不能再吃肉。我年輕的時候很愛吃牛肉。而且醫生還說「砂糖和鹽也不能再吃」，所以我找了好久，到底有哪些肉是低卡洛里、低脂肪且含有高蛋白質。這時便找出了馬肉、豬肉、羊肉和鴨肉。也是從那時開始得知了香料的存在，就算沒有加砂糖和鹽，只要有香料就可以作成蔬菜咖哩。之後我便每餐吃蔬菜咖哩，血糖值便漸漸恢復正常。我覺得香料的影響真的很大。

── 因為添加香料後，食物變得更美味了！

F 據說印度的香料傳進中國後變成中藥。

── 未來你會想要試著作出與現在的香料比例完全不同的咖哩嗎？

F 常有人問我「有沒有想要再增加店內咖哩的種類？」我想我不會再增加了！不過自己的餐廳馬上就要迎接 10 周年的到來，那時，我想要用印度料理中的牛骨髓來作咖哩。

── 那就是穆斯林料理中的牛筋料理吧？如果想要作這道料理，腦中是怎樣思考需要使用的香料呢？

F 基本上香料的使用方法，應該跟處理羊肉的感覺很類似。所以香料的比例應該下得很重。應該沒有比牛肉的味道還要重的肉類了！

── 對啊！真的是這樣！可能只是因為我們很習慣那種味道，肉的氣味其實屬於很強烈的一種。從油脂中便會散發出一股味道。

F 以前的人有一種說法，就是食用比自己體型大的動物，並不是很好。

── 在藤岡先生心中，香料屬於什麼樣子的地位呢？

F 對我來說，香料是我的救命恩人。

── 原來如此。還滿容易理解的。

F 那時如果不知道香料這種東西的存在，可能我已經不在這個世界上了。之前醫生看了我的狀況後，就已經說到「你也挺努力活到現在了」。

── 想要將自己在那種健康狀態下得知的香料咖哩分享給客人的感覺吧？

F 對啊！因為這樣所以成本很高，大家可以想像得出來，店裡沒有什麼利潤。

藤岡恆明 (Fujioka Tsuneaki)

Bumble Bee 的老闆。生於 1958 年 3 月 16 日，當了 23 年的上班族，在 2006 年 6 月開始經營 Bumble Bee。在 1980 年代後期，品嘗過道頓崛上的「Monty」的咖哩後，便迷上了印度咖哩。

植竹大介 (Uetake Daisuke)

Kyuyamutei

4

基本上沒有固定食譜，常推出新口味咖哩

── 想先請教你心中的前 5 大香料為何？

植竹 (以下簡稱 U) 會依照自己想要使用的種類有所改變，但心中首選是芫荽。這在自己心中已經相當於「芫荽 = 咖哩」的地位了吧！

── 單獨使用的話，是最能讓人聯想到咖哩的香料吧！

U 當然也需要孜然或是薑黃，但芫荽的使用範圍很廣，有不管哪種咖哩都適用的優點。其次是綠豆蔻，雖然不是每一種咖哩都想加綠豆蔻，但從迷上香料咖哩那時開始，讓我最受感動的香氣應該只有綠豆蔻了！要說它是種可以超越所有香料的香氣，或者要說它有像夢幻一般難以形容的迷人味道。綠豆蔻是種可以瞬間觸發美味關鍵的香料。在我餐廳裡通常是用研磨過的顆粒，在起鍋之前撒上。吃到綠豆蔻的那一瞬間所產生的幸福感，還真是無法形容。再來就是卡宴辣椒了。不過我最近喜歡的是用油翻炒青辣椒時，所產生的香辣氣味。

── 嗯！那真是迷人無比的香味啊！

U 可以說真得是讓人無法抗拒的香氣啊！會想一個個把它吃掉。之後就是大蒜。把大蒜放進油裡翻炒後，散發出蒜香時……我心中的前 5 大香料裡，都是屬於不管何時都能增進食慾的香料。但我對於最後一個香料很頭痛，先暫且放一旁好了！

── 欸？讓我有點驚訝。

U 我也很喜歡用油翻炒過的迷迭香和巴西利。而百里香的香氣也很能促進食慾，最近我有一種想法，想以香草為主題來製作咖哩。

── 所以以上那些香料不是 Kyuyamutei 的香料使用選擇，也並非是掌握餐廳味道的關鍵，只是植竹先生自己的喜好？

U 是啊！基本上我餐廳的咖哩沒有固定的食譜。每天都有變化，這也是餐廳的主要目標。雖然這是給自己的功課，但可以變化的材料都漸漸用盡，現在便將觸角伸向其他多種料理中。

── 這真的是相當大的挑戰啊！

U 舉例來說，像用各種絞肉作的咖哩基底，種類也不過十幾種左右吧，我對店裡的夥伴說：「去咖哩餐廳或印度餐廳只能吃到印度咖哩，這也是沒辦法的事！但我們一起來試試各種料理吧！只要有喜歡的味道就行了！」大家也很贊同這種方式。

── 大家一定是在想，「那這是要怎麼做才好」？(笑)

U 是啊！然後大家會建議我要做哪一種料理，覺得還可以的話，就做出來給大家品嘗。

── 如果以傳統咖哩餐廳的觀點來說，其價值在於「不管什麼時候去，味道都維持不變」，那植竹先生的風格跟傳統角度比較起來，還真是全新的嘗試呢！

U　需要一些勇氣啊！不過從開店以來，店內一直有一道以店為名的清爽系列咖哩「Yamu 咖哩」，所以也就不考慮那麼多了！

── 對客人而言，「覺得喜愛 Kyuyamutei 的咖哩而想再光臨」的原因是什麼呢？

U　可能正是因為「Yamu 咖哩」吧！我思考在製作咖哩上，要怎麼表現出「自我風格」這個問題時，想說要怎麼巧妙地在咖哩中融入日本的文化元素？因此有一個新點子產生，那就是熬製出不輸給拉麵店的高湯，努力追求高湯與咖哩的絕妙搭配組合，再將日式文化的精華融入其中，不就可以創造出前所未有的新口味？雖然不會帶給客人強烈的味覺衝擊，但我想做出像大家每天都會喝的味噌湯一樣的咖哩。

脫離「濃郁高湯＝美味」的既定觀念

── 請問在植竹先生心中，香料有什麼樣的地位？

U　剛開始還是難免會採行堆疊喜愛香料的模式，沒有發現這樣其實很沒特性。後來因為這樣而碰到瓶頸，所以乾脆整個改變作風。如此一來，便發覺到「這樣子做實在不行啊！」我餐廳裡的斯里蘭卡主廚使用的香料種類實在非常少，所以香料本身應該是協助提出食材本身味道的配角吧！

── 開始進行刪減香料種類的做法後，才了解到哪一種是重要、什麼是不必要的？但因為剛開始時經歷過堆疊香料種類的失敗，所以非常小心。舉例來說，如果這道咖哩使用的香料種類最後淘汰篩選成 7 種，那之後便會面對用這 7 種香料作咖哩的技巧挑戰。

U　我很懂這種感覺，然後發現「高湯」是個關鍵。但以前熬煮的濃郁高湯真的有點太過了，正在想怎麼都跟香料無法搭配時，有一位才進餐廳不久的員工作了一道咖哩。很令人驚訝的是那道咖哩的香料氣味十分突出。我問了這位員工「你怎麼做出這道咖哩、是用什麼高湯？」結果他回答「只有用水」。於是我了解到原來也會發生油脂覆蓋在香料上，卻無法釋放出香氣的情形。多虧這位員工的咖哩，讓我回到原點。大家都認為用大大的銅鍋熬煮雞骨、牛骨或豬骨是非常理所當然的事情，然後覺得那樣很美味，其實是一種既定的老舊觀念。

── 那真是很不錯的發現呢！因為在自己心中對使用香料種類的加減和高湯內食材的調整改變，便會影響咖哩的味道。

U　真的有很多主要元素摻雜其中呢！

── 稱為「大阪香料咖哩」的那些咖哩，其實在高湯的鮮味上都很有特色，札幌的「湯咖哩」也幾乎相同。我認為這兩大具地方特色的咖哩會所向披靡、引起這樣的美食風潮，都有一個共同點在，那便是追求美味的高湯。這也證明了日本人的喜好。

U　我第一次感受到香料咖哩的美味是在小學四年級的時候。那時日本的家庭餐廳 Royal Host 開始進行咖哩週的活動。33 年前了吧？當我吃下那顏色漆黑、但口感清爽又具辣度的咖哩時，好吃到我的眼淚都要掉下來了。從那之後我就常去光顧。

── 從這點看來，我喜愛咖哩的原點也跟你一樣，是在湯島一間名為德里的餐廳。Royal Host 的喀什米爾咖哩跟德里的喀什米爾咖哩一樣，都屬於創作派的新口味咖哩。我在德里當學徒時的師傅，後來在他出生地濱松開了間咖哩餐廳，在那裡我也感受到味覺的衝擊。

U　原來我們的情況一樣，那些咖哩真是了不起啊！我對德里的咖哩也是印象非常深刻。就像是一種很突出的風味，容易讓人著迷的味道吧！

── 以前大阪有間 Ruderi 的咖哩也是類似的風格。

U　我到現在也很尊敬「Ruderi」呢！

香料是咖哩的主角，但又不是全部

── 在製作咖哩時，對香料的使用拿捏基準是什麼？我會想要訪問大阪香料咖哩餐廳的原因，是因為我覺得每間店都對香料的使用方式採取十分開放自由的態度。基本上這本書主要是解說使用香料的技巧和規則，但除此之外，大阪香料咖哩正具體展現了「可以再更自由發揮創意」這樣的訊息。

U　實際上說來，幾乎我所有使用的材料都屬於香料類，屬於調味料類的也很多。因為自己心中覺得「製作和其他家餐廳口味相同的咖哩，就無法一較高下」，而且我的店也不是印度料理店。

── 我很能理解所有使用素材都是香料的這種感覺，沒有無法散發出香氣的東西。在刪減香料種類之後，即使去蕪存菁留下 7 種香料，在其他所有適當時機時，也會再為鍋內料理添加香氣。所以想到要選擇什麼食材？或是考慮到要選擇哪種香氣為主調時，要考慮、追求的細節還堆積如山。

U 我也覺得還有很多地方要思考。像店內來自不同地方或生長環境不同的員工，他們做出來的咖哩味道就截然不同，這一點真的十分有趣。我認為還有許多自己無法想像的咖哩，所以要聚集眾人的智慧，再互相切磋琢磨這一點非常重要。

── 一般所謂的咖哩，是在一道料理中充分運用各種香料的特性，來完成其中的醬汁。但大阪香料咖哩的概念是，在盤子中的各種元素都各有其風味和香氣，大家一起來表現出這道咖哩的特色，是個十分特別的想法！

U 法式料理的醬汁有法式料理的優點，印度料理也有印度料理的優點，但同時也會有缺點存在。但因為我們是雜食性動物，可以從多方面的角度來接觸，從結果說來，也有一部分可以濃縮調整成自己國家的飲食文化。

── 像有許多人就是印度料理至上主義者。雖然從咖哩的類別來說，我自己也是最喜歡印度咖哩，但是由印度的氣候和風土民情所孕育出的飲食文化，我不認為真的完全適合日本人的味覺。所以，這樣真的美味嗎？我一直有這樣的疑問。因為像料理技術方面，有很多可以說嘴的地方。只用「道地的作法就是這樣」並無法完全解答這樣的疑惑。優秀的飲食文化和料理的美味程度是全然不同的兩件事。我認為今後以追求對日本人而言的美味為目標，進而能達到創造「日本咖哩文化」，便非常完美。以 Kyuyamutei 為首的大阪香料咖哩的發展趨勢來說，我覺得深具此種可能。對札幌的湯咖哩也有同樣的感覺。

U 對啊！我也是想做到這種程度。不管是對炒洋蔥或燉肉，都有許多疑問。即使這些疑問一一解開，能汲取其中精華是最理想的狀態。但自己還沒有過這種達到目標的感覺，也許根本尚未到達這個程度。

── 這點我也一樣。想一一找出各種料理相關的正確解釋，並加以吸收。但另外一方面來說，如果這樣是終極目標，是不是做到其中幾項重點後，就會做出美味的咖哩呢？其實也並非如此。就像先前所述的，不加高湯只用水燉煮，反而更能突出香料的香氣，又更加美味。

單戀香料的心情

── 不管何時，我覺得大阪香料咖哩的風潮實在驚人！

U 我試著開了新的分店，很高興的是女性顧客變多了！我覺得這些客人想要作給自己孩子吃的咖哩，應該漸漸地跟我們以前的咖哩有所不同。會使用香料和香草，製作人工添加物含量少，且不會辣的咖哩給孩子享用。這種文化或許在大阪會發展得比其他地方更加快速。

── 對植竹先生而言，香料是怎樣的一個存在呢？

U 我想是「永遠的單戀對象」吧！我一直很喜歡香料。

── 這種說法真棒！那對方不會喜歡你嗎？沒有可能變成是相思嗎？

U 應該沒辦法喔！因為對象也有很多個，有點無法應付。啊！不行啦！我都有點害羞了！

── 植竹先生在作咖哩時，香料是擔任什麼樣的角色？

U 我想重點在於香料既是主角，但也並非是咖哩的全部。雖然香料在咖哩中真的是必要的存在，沒有香料的話會很讓人頭疼，但從咖哩的整體來看，香料只是其中一個顯現出其強烈特色的要素。也就是說我認為香料並不能完全代表咖哩。

── 在香料咖哩的世界中，植竹先生有沒有今後想要作的事呢？

U 因為我想更了解香料咖哩這個東西，所以又繼續開展其他分店。所以，等到手上有餘裕時，想再回到只有 10 個吧台座位的餐廳，繼續專注於製作咖哩。等到那時，如果可以找出自我風格的味道那就再好不過了！所以想要再有一個時機，可以再自我進修磨練。

植竹大介 (Uetake Daisuke)

Kyuyamutei 的老闆。1972 年 10 月 1 日生，在小學時便愛上香料咖哩，之後在 1999 年時，開始經營香料和咖哩的餐廳 yamuteino，2003 年時店名改為「舊 yamuteino」，菜單上只留下咖哩類。2011 年時餐廳搬到空堀商店街，主打咖哩和休閒放鬆的氣氛，叫 Kyuyamutei，一直持續營業至今。

香料觀問卷調查

本書訪問了在東京、千葉、大阪、北海道經營咖哩餐廳的主廚，並對這些香料使用達人提出困難的問題。
大家可以從他們的回答和留下的訊息感覺出每位主廚的香料觀。

Q. 如果只能使用 5 種香料的話，會選擇哪 5 種？（沒有按照順序排列）

5 大阪 Takako

GANESH n

1. 薑黃
2. 紅辣椒粉
3. 芫荽粉
4. 孜然籽
5. 芥末籽

我主要是做印度的家常菜。雖然印度家常菜多是素食，但是我認為唯有香料才能以溫和的方式帶出蔬菜和豆類的甜美滋味。如果用這種香料製作咖哩，從健康的人到身體微恙的人，或是老人、小孩都會覺得很美味。雖然這是自己的理論，但這是我的答案。

6 Takeshita hiroyuki

Ganesh m

1. 薑黃
2. 肉桂
3. 芫荽
4. 丁香
5. 紅辣椒

只有 5 種的話，無法表現出具有深度的味道和香氣，還需要孜然和綠豆蔻。

7 鈴木貴久 (Suzuki Takahisa)

Ghar

1. 芫荽籽
2. 薑黃
3. 紅辣椒原形
4. 茴香籽
5. 葫蘆巴籽

雖然我對這個問題想了很久，但最後我把問題單純化，選擇最常使用的香料作為答案。因為會將香料炒乾後磨碎，再用油加熱，所以大都用香料原形。自己在以前工作的餐廳裡，有南印度的廚師教我香料的用法，所以我傾向用這種方式處理香料。

8 川崎真吾 (Kawasaki shinngo)

Spice Curry Maruse

1. 薑黃
2. 紅辣椒
3. 孜然
4. 芫荽
5. 綠豆蔻

到底要選孜然還是丁香，讓我十分猶豫。但依我的經驗看來，日本人要判斷這是否是咖哩時的重要因素，正是有加孜然與否，所以最後我選了孜然。有孜然味道，就算是做其他國家的料理，好像也會讓人覺得這是咖哩。

然後我又做了另一種樣式的咖哩。雖然跟孜然的話題有點重複，但如果不從辣度或醬汁顏色來判斷，味道應該也是不錯，而且還很像是出自專業級廚師之手。因為我想既然要做咖哩，就乾脆作一整套套餐吧！各位覺得這種感覺怎麼樣呢？用芥末籽、孜然、肉桂、丁香、綠豆蔻這幾種，配菜用芥末籽、孜然。主菜用孜然、肉桂、綠豆蔻、丁香。芥末則拿來作抹醬，這樣料理的樣式選擇就會很廣泛。雖然我也很想用薑黃和紅辣椒，也可以依個人喜好來添加。

長崎章彥 (Nagasaki Akihiko) 9

Spa Spa Spicy Curry

1. 粗粒孜然籽
2. 粗粒芫荽籽
3. 辣椒粉
4. 粗粒黑胡椒
5. 綠荳蔻粉

芫荽和孜然這兩種香料，是現在日本提到咖哩香氣時，不可缺少的兩大元素。少了這兩種就會有點令人感到失望，或許也無法讓人感受到這是咖哩。辣椒粉的話，因為有「咖哩＝辛辣」的既定印象，所以或許還滿好理解。但我個人覺得山椒、薑、芥末籽等的辣度，對日本人的咖哩感覺來說很難留下深刻的印象。我個人覺得黑胡椒是在做咖哩時，用來均衡各種香氣的調味料，有其不可或缺的重要性，同時也是種可以讓人感受到香氣、辣度和一點鹹味的萬能調味料。另外，我個人偏好綠豆蔻，像京都的黑七味粉那種，不管什麼料理都想灑上一點。大家可以試著將綠豆蔻撒在日本料理上，像漬物、關東煮、烤雞肉串等，味道還十分搭配。其次是新鮮的咖哩葉，因為在日本不容易取得，所以沒有列入前 5 大。它和綠豆蔻有不同的香氣，又具有和黑胡椒不同的萬用功能。在我餐廳中使用的咖哩葉是我自己栽種的。

杉野遼 (Sugino Ryo) 10

Dalbhat 食堂

1. 孜然
2. 芫荽
3. 薑黃
4. 辣椒
5. 葫蘆巴

香料在尼泊爾料理中是不可或缺的東西。除了大蒜、薑以外，不管是香料原形或粉狀香料都會使用。以我的觀點來說，香料的功能絕對屬於提升料理風味這一方面。在作料理時會注意的是，香料與食材的搭配和兩者會產生什麼樣的加乘效果。其他也會配合食材的風味選擇合適的香料，或者依照想像中料理完成的味道來選擇。所以幾乎都是依照食材來做搭配，而這也是尼泊爾料理的特徵。順道一提，我最喜歡的香氣，其實是在剛起油鍋階段放入辣椒後所產生的香味。

菅尚弘 (Suga Naohiro) 11

Tsukinowa curry

1. 孜然
2. 綠豆蔻
3. 丁香
4. 肉桂
5. 芫荽

用調整音頻的感覺來說，屬於基礎低音一類的香料是丁香和肉桂，而成為中堅骨幹中音的是孜然，作為整體焦點的高音則是綠豆蔻和芫荽。對自己來說這 5 種香料是作咖哩時不可缺少的元素，在製作咖哩時我會盡量保有這 5 種香料的特色，再追求彼此間的平衡以襯出食材的美味。

Tom 12

Tomntoco

1. 芥末籽
2. 薑
3. 薑黃
4. 辣椒粉
5. 芫荽

只能用 5 種香料的話還真令人苦惱，因為大阪人的基本性格是滿雞婆的……不過能用最少的香料作出好吃的咖哩，也讓人覺得很厲害，所以是個挺有意思的問題。以我來說，喜歡簡單、清爽且帶有新鮮香氣的咖哩。我選了芥末籽而沒有選孜然，也是因為自己的喜好。

使用香料時會注意避免加過量，和以提煉出最濃香氣為目標，注意放進鍋內的時間點。因為自己是屬於以南印度咖哩為基礎的一派，在起油鍋時會先放入芥末籽，最後才放孜然、咖哩葉等適度用油加熱，雖然在南印度會使用孜然。

對於咖哩，我每天都在研究要如何展現能讓人感受到鮮美的酸度。除此之外，我也很愛綠豆蔻、乾燥葫蘆巴葉的香氣。我個人偏愛新鮮可讓人感受到熱情活力的咖哩。為了追求理想中的咖哩，每天都朝著這個方向努力著。

野村豪 (Nomura Gou) 13

NOMSON CURRY

1. 薑黃
2. 芫荽
3. 孜然
4. 芥末籽
5. 綠豆蔻

雖然跟作的咖哩種類有關，但基本上不能缺少薑黃、芫荽、孜然這 3 種，我覺得有這 3 種香料應該就能讓人覺得這是咖哩。雖然在辣味上想選辣椒，但辣度可以用其他食材代替的話，就屬芥末籽。剩下的一種我在丁香和綠豆蔻之間猶豫……最後覺得應該是綠豆蔻。因為以我個人來說，自己最喜歡綠豆蔻。在印度拉茶中，我也喜歡那種具有強烈綠豆蔻香氣的種類。只能選 5 種實在很難（笑）！翻閱香草或香料的專門書籍後得知，若將香料的定義範圍擴大，薑和大蒜也可納入其中，這裡暫時不作這種考慮。除此之外則有乾燥葫蘆巴葉、八角、黑豆蔻等，在本店的馬薩拉中絕不會缺少這幾種。

川崎誠二 (Kawasaki Seji) 14

Buttah

1. 孜然
2. 芫荽
3. 紅辣椒粉
4. 綠豆蔻
5. 丁香

前面的 3 種，無論是原形香料或是粉狀，使用頻率都很高。以個人喜好來說，最喜歡的是綠豆蔻，香氣非常高雅迷人，啊！美麗的綠豆蔻，是香料中的皇后。在印度拉茶中放入幾顆磨碎的綠豆蔻飲用，實在令人感到無比幸福。在點餐時，也對點綠豆蔻拉茶的女生帶有好感。尤其最喜歡讀著文庫本，一邊喝著綠豆蔻拉茶的女生。然後自己的腦袋會開始奔馳著想像，她在讀什麼書呢？遠藤周作？宮尾登美子？山口瞳？還是大槻 chinge？也許是町田康？還是有可能在看查理・布考斯基？不是！有可能她喜歡山之口獏、北杜夫？再來則是丁香，它的外表可以打一百分滿分。在熱油中膨脹的樣子很可愛。乾燥時的纖細外表，一膨脹起來就變成小孩似的體型，真的讓人覺得無比可愛。牙齒痛時也可以當作止痛劑，十分厲害且萬能，加入咖啡中也很好喝。

明石智之 15

(Akashi Tomoyuki)

BOTANI CURRY

1. 薑黃
2. 孜然
3. 芫荽
4. 丁香
5. 綠豆蔻

除了薑黃、孜然、綠豆蔻這些基本香料之外，又加上丁香和綠豆蔻。帶有濃郁甜香的丁香與需要燉煮的牛肉咖哩很搭，而且具有去除牛肉特有腥味的功能。帶有清新香氣的綠豆蔻，會在雞肉咖哩或絞肉咖哩時使用。它與丁香的氣味也很搭配，是作馬薩拉時的必要香料。另外在用油加熱時也會使用。

中村千春 16

(Nakamura Chiharu)

Magari

1. 咖哩葉
2. 芥末籽
3. 卡宴辣椒
4. TUNAPAHA（斯里蘭卡的綜合香料）
5. Maldive fish（馬爾地夫魚，類似柴魚）

有上述香料的話就非常足夠。基本上這些都是自己的喜好……雖然沒有不能搭配的食材，但相反的我覺得也沒有不能不加的必要。如果考慮到要有能促進食慾的香氣，還有入口時的濃郁，就會列出這 5 種。濃郁和鮮美的口感我覺得是咖哩最重要的關鍵。

北海道 奧芝洋介 17

(Okushiba Yousuke)

奧芝商店

1. 孜然
2. 芫荽
3. 薑黃
4. 綠豆蔻
5. 丁香

在辣椒類香料中，讓我非常猶豫要選哪個。如果要濃縮成 5 種的話，應該上述那些就是我的答案。原因在於這 5 種是在家中做咖哩時最常用到的香料。其實在自己店裡的咖哩內沒有加綠豆蔻，但還是香氣迷人，是香料中最讓我感到猶豫的一種吧？到目前為止都還未做出完美的葛拉姆馬薩拉。能認識這些有趣的香料實在很幸運。

相馬鎮徹 (Souma Shigeaki) 18

咖哩葉 咖哩餐廳

1. 孜然
2. 芫荽
3. 丁香
4. 綠豆蔻
5. 肉桂

雖然這 5 種很普通，但香料的使用並不在於種類的多少，而是怎樣利用其香氣和味道來襯托料理。雖然香氣濃郁但能讓人感到心情平穩安定的溫和氣味。追求乍見之下的兩種極端是自己的職責。如果可以再多一種的話，那當然是咖哩葉。辣椒的話，則會使用新鮮辣椒把它當成蔬菜來用。對我而言，香料是種帶有魔法的顆粒，可以讓食用的人身心都非常有元氣。

久保田信 (Kubota Makoto) 19

gop no anagura

1. 辣椒
2. 芫荽
3. 綠豆蔻
4. 肉桂
5. 丁香

如果有上述這些香料，就可以完成各種料理，不管是咖哩、熱炒、炸物、點心或馬薩拉茶。因為使用範圍很廣，雖然很想把我店裡的緬甸咖哩也有使用的薑黃列入其中，但因為店內的葛拉姆馬薩拉使用綠豆蔻、肉桂、丁香 3 種香料，以前也曾向斯里蘭卡人學過這 3 種香料作的咖哩，所以上面那些是我心中的 best 5。使用香料時會注意「要少量添加」的原則。放足香料份量的話，味道會難以改變，在達到九成左右時便停下來，留下一點空間。自己會注意保持香氣的特色，但也能讓料理散發出溫和的香味。

藤井秀紀 (Fujii Hidenori) 20

Soup curry king

1. 孜然
2. 薑黃
3. 綠豆蔻
4. 芫荽
5. 丁香

這 5 種都是製作咖哩時不可缺少的香料。在店裡這 5 種都屬於最基本的香料，再來就是依據個人喜好增加辣度即可。如果可以再增加第 6 種，就屬具有辣度的卡宴辣椒。在使用香料時會注意的是彼此間的平衡，而不是越多種類越好。因為即使少量使用，也可以大幅改變料理的味道，所以需要重視整體的平衡來調製香料。對我而言，香料是種需要一直努力研究的調味料。我也還有許多沒使用過的香料，即使是同一種香料，產地不同香氣和味道也會大有差異。身為日本人，要能完全掌握香料的特性，並且能夠善加調配，實在不是件容易的事。可以一直研究學習關於香料的知識，而且有新發現，讓我感到樂在其中。

植田正人 (Ueda Masahito) 21

Spice RIG 香樂

1. 孜然
2. 芫荽
3. 綠豆蔻
4. 丁香
5. 葫蘆巴

在湯咖哩這種現在還沒有明確定義的料理，再加上到目前為止還充滿發展性的印度咖哩這方面，我對香料的使用方式和調配方法都還在摸索的階段。雖然法國名廚埃斯科菲耶 (Escoffier) 在法式料理中也使用多種香料，我也對這種將香料用於燉煮高湯的方式很熟悉，但對印度料理中要大量釋放香料氣味的使用方式還未能完全掌握。而且，像許多料理中的用鹽量有一個恰到好處的標準，在湯咖哩上的香料使用方式或份量一定也有一個標準的存在。不過我會注意朝這個目標前進時，不要變成像食品製造商作出的香料一樣。

清水元太 (Shimizu Genta) 22

SOUL STORE

1. 芫荽
2. 綠豆蔻
3. 肉桂
4. 孜然
5. 紅辣椒

考慮到香料的香氣和彼此的搭配，我覺得以上 5 種香料最為合適。以個人來說，我十分喜愛芫荽，在作員工餐點時（雖然我想在印度料理中沒有這種習慣），會在剛起油鍋時加入芫荽籽，或是用在燉煮料理時，而且在咬到芫荽籽時，覺得它那種帶顆粒的口感和獨特的香氣讓我感到十分陶醉，是我最近喜愛的香料。雖然現在經營擁有多樣香料的咖哩餐廳，但我原本也只是個咖哩愛好者，只要見到香料就感覺十分雀躍（笑）。香料的使用範圍很廣，並不只限於咖哩，讓我每天的生活都十分充實且具有深度，而且是個為我帶來刺激感的存在，我還想再更深入研究香料方面的學問。

松井浩仁 23

(Matsui Hirohito)

天竺

1. 薑黃
2. 孜然
3. 肉桂
4. 綠豆蔻
5. 茴香

以上 5 種香料全都使用粉狀。原因是我考慮到剛接觸這方面的人也可以很容易地用這些香料在自己家裡製作咖哩，即使有小孩也可安心品嘗，所以我選擇這些氣味溫和的香料。香料的組合與調配方式可以說有數百、數千種，甚至無數種。在這之中，理所當然對刺激性強弱不同的香料有個人喜好的差異，所以可以先用這個標準來篩選數量龐大的香料，再從中挑出數百種，最後鎖定到自己喜愛的數種，再用這些香料來做咖哩或香料料理。香料也有藥膳之稱，可以減緩身體病痛，帶來健康活力。在享用美味料理時，心會變得柔軟，人也面帶笑容。然後香料的刺激性是讓人上癮的魔幻粉末，在印度稱藥膳為阿育吠陀，所以香料料理是一種讓享用者和料理者都能感受到興奮、愉快心情的料理。

村上義明 24

(Murakami Yoshiaki)

村上咖哩店 Pulu Pulu

1. 孜然
2. 芫荽
3. 綠豆蔻
4. 丁香
5. 卡宴辣椒

我覺得只要有孜然這一種香料就非常足夠！但這樣要稱為咖哩又有點太簡略。在料理時我不喜歡使用太多種香料，喜歡採用簡單的方式鎖定幾種使用香料的種類，十分簡單易懂。在苦思之後，決定選出以上 5 種。我覺得孜然和芫荽是基礎香料中的基礎。還可以再增加的話想再放入茴香，有了這些香料，我覺得便是美味的咖哩。

井手剛 (Ide Gou) 25

Rakkyo

1. 芫荽
2. 孜然
3. 薑
4. 大蒜
5. 卡宴辣椒

我認為湯咖哩是從高湯文化演化發展而來的咖哩。除了湯頭和食材的鮮美外，再用香料統整所有氣味，達到一個完美的平衡。而以上所列出的香料，是我認為可以製造出味道的層次與深度，並能濃縮美味精華的 5 種。

香料對我而言是自己工作的範疇，同時也像是進行一種飲食相關的旅程，一個還未完成的目標。年輕的時候對辣度的調配比例感到有興趣，喜歡用許多香料進行排列組合。之後漸漸減少使用份量，思考要如何用簡單的幾種香料，展現純粹的香氣，用什麼樣的簡單組合才能讓料理的香氣覺得更加濃郁，常常有新的目標出現。在能享受陶醉於香氣中的現在，覺得自己終於能成為一個成熟的大人！（笑）

東京・千葉

藤井正樹 (Fujii Masaki) 26

Anjuna

1. 芥末籽
2. 孜然籽
3. 芫荽籽
4. 辣椒原形
5. 薑黃

自己的印度料理應該是偏向南印度派的調味方式，芥末籽是不可缺少的香料。使用以上 5 種香料的原形，或是進行各種加工，像磨成粉末、加熱翻炒過後再使用，便可以用在許多種印度料理上，自己喜歡的香料基本上也是這 5 種。

在剛開始接觸香料時，還不太能理解，但最近開始覺得可以深深體會到每一種香料會對人體或食材產生何種影響，進而想要把它的香氣運用在理想中的味道上。依照每種香料的特性加以排列組合，可以產生出各式各樣的味道，是一種魔術般的調味料。

增田泰觀 (Masuda Taikan) 27

印度料理 Sitar

1. 辣椒
2. 薑黃
3. 芫荽
4. 肉桂
5. 丁香

會選擇以上 5 種香料，當然是因為這 5 種是作咖哩的基本香料。先不考慮到他們的療效，這 5 種香料具有下列個種功能。①辣度，促進食慾。②著色，延長食材保存時間。③增加香氣，帶來鮮美的口感。④增加香氣，帶來具有麻痺性的刺激。⑤延長食材保存時間，具有麻痺性的刺激。咖哩最主要的是必須有辣椒、薑黃、芫荽這 3 種香料，再加上肉桂，可帶來具有麻痺性的刺激感。以我對咖哩的理解，咖哩的辣度並不只是單純的辛辣，而是可以為口腔帶來麻痺性的刺激，是一種既強烈又令人感到精神舒暢的辣味。不過，使用過量並不好。尤其是放太多肉桂，可能會整個破壞料理的味道。我使用①的辣椒原形時，經常會在剛起油鍋時將其放進鍋內慢慢加熱，先讓油脂充分提煉出香料的味道、辣度和香氣後，再放入其他食材拌炒。在使用④肉桂⑤丁香的香料原形時，也是採用與上述相同的方式。

柴崎武志 28

(Shibasaki Takeshi)

咖哩餐廳 Shiba

1. 孜然
2. 芫荽
3. 薑黃
4. 紅椒粉
5. 薑

香料就像具有香氣和味道的特別顏料。依照料理種類和香料的排列組合方式，可說有無數種使用方法。如果備有孜然粉、芫荽粉、薑黃粉、紅椒粉，即使是初學者也可做出香料咖哩。熟悉香料的使用方式後，再依照整體比例添加其他的香料。在製作咖哩時加入越多薑黃，便會使咖哩變成黃色，若是薑黃和紅椒粉的份量各占一半，咖哩便會是橙色。如果紅椒粉的份量比薑黃多，就會變成偏紅的橙色。孜然粉是沉穩的棕色，可以帶出咖哩的鮮美。芫荽粉則有柔和的棕色。製作咖哩時的重點在於，如何統整這些香料所呈現的色澤，並且讓各種香料展現出整體均衡的氣味。

為了要達到理想中的味道並提升料理的風味，在使用棕色系的香料，像荳蔻核仁、肉桂、丁香、八角等個性強烈的香料時，份量太多反而會破壞料理的味道，所以我會注意份量的調整和彼此間的平衡。在製作各種咖哩時，對要展現苦、澀、酸、甜、辣、鹹這六種味道中的哪一種，心中會先有一個基本標準。關於辣度的調整，像紅辣椒、青辣椒、黑胡椒等，我覺得在料理結束前依照個人喜好添加會比較適合。用熱油翻炒芫荽籽和孜然籽就可充分展現出咖哩的香氣。

在 Shiba 店內，會大量使用切碎的生薑和磨碎的黑胡椒。可提升料理的味道和香氣，也可讓客人在享用咖哩後，達到增進體內氣血循環的效果。各種香料的使用方法都有所不同，只要注意整體的平衡和調配比例，不只能用在咖哩上，還可利用在製作點心、保存食品，以及飲料等等，有無數種搭配模式。我認為可以先選擇 3 種喜愛的香料，從調整它們的比例開始學習，這樣在料理時便能有新的發現。

沼尻匡彥 29

(Numaziri Masahiko)

Kerala no Kaze Ⅱ

1. 青辣椒
2. 咖哩葉
3. 薑黃
4. 芫荽
5. 芥末籽

如果只能用 5 種乾燥香料，不考慮香草類的話，應該就是選「薑黃粉、芫荽粉、辣椒原形、芥末籽、胡椒顆粒」了吧！我自己則是比較重視香草類的香料。用這種觀點來選擇的話，就是「青辣椒、咖哩葉、番茄、大蒜、薑」。雖然還想加洋蔥和新鮮芫荽，但還是先列出以上 5 種。如果要從香料和香草中選 5 種出來，實在很難決定。如果說香料或調味料是形成料理架構和內容的必要元素，那香草就是賦予料理生命的重要物質。雖然看似不是主角，但也無法等閒視之。

山登伸介 30

(Yamato Shinsuke)

Shiva curry wara

1. 薑黃粉
2. 紅辣椒粉
3. 芫荽粉
4. 孜然籽
5. 芥末籽

我覺得製作咖哩至少要用薑黃、紅辣椒和芫荽這 3 種香料，如果有孜然原形和芥末籽，就可以作蔬菜咖哩、魚類和雞肉咖哩。基於上述考量我選擇了以上 5 種香料。不過如果要列出基本香料的排名，我會想再加上綠荳蔻、肉桂、丁香和黑胡椒，對家常料理來說，這樣已經很足夠。對我而言，香料是能展現自我工具。

石崎嚴 (Ishizaki Tsuyoshi) 31

新宿中村屋

1. 芥末籽
2. 葫蘆巴
3. 芫荽
4. 黑胡椒
5. 咖哩葉

在剛起油鍋時，我最喜歡加入芥末籽，用油慢慢加熱後產生的香氣和味道，還有最後可能會彈起的刺激感，都令人難忘。葫蘆巴和芫荽不僅可以用在咖哩上，如果想為料理增加點香味時也可以用，用途廣泛。不只有香料原形，即使磨成粉末，或名稱換成 Kasoori Methi（乾燥葫蘆巴葉）、香菜，還是有十分特殊的香氣，非常特別。黑胡椒是我從小就很喜歡的香料，尤其是無法忘記加入拉麵時的味道，感覺自己也終於變成一個成熟的成年人。咖哩葉是近年來才遇到的香料，不過最常用到的是……我會在料理後段時加入鍋內當翻炒的香料，這時加入的香料會讓鍋內的味道產生截然不同的變化，存在感很高，有讓人無法抵抗的魅力。

香料對我而言，是製作美味料理不可或缺的工具。尤其是像香料料理之類的咖哩，透過使用方式、份量或調配比例的變化，就可以產生許多不同的料理型態。而放入鍋中時間點的不同，也會發生味道上的差異，所以作咖哩真的是一件快樂的事情。有時我會接到希望我舉辦製作咖哩講座的邀請，那時我一定會提醒大家，「請不要有香料＝會辣的刻版印象」。希望可以透過我的講座，讓大家改變因為「香料＝會辣」的既定印象，而有「無法接受香料料理」、「絕對不會給小孩吃」的誤會出現。不過還是可能會有過敏的問題產生，實際上這也不是個容易處理的問題。如果只是簡單說「香料對身體有益」或「吃了用這種香料做的料理，身體會很健康」，可能會產生嚴重的後果。

伊藤一城 (Itou Kazushiro) 32

Spice Cafe

1. 卡宴辣椒
2. 薑黃
3. 芫荽
4. 孜然
5. 葫蘆巴

卡宴辣椒可以提升辣度、薑黃能增添色彩、芫荽可以讓咖哩更添滋味。我覺得這 3 種香料是構成香料料理最主要關鍵的基本香料。孜然是在咖哩中最讓日本人印象深刻的香料，在以上 3 種香料之外再增添孜然這一種，咖哩的變化性便可大幅增加。葫蘆巴是我最喜歡的香料，依照加熱方式的不同可以使香氣產生各種變化。剛開始是甜香，後來變為苦甜，最後則是變苦，是最難處理的香料之一，但我深感興趣，使用葫蘆巴可以讓咖哩展現出自我特色。

對我而言，香料是表現自己風格的管道。藉由調製香料，可以產生出某種新的元素。然後，在接觸香料的過程中，可以了解到它不只單純是調味的香辛料，還可以從中感受到當地的氣候與民情，進而體會到生活在當地的人們所累積的歷史與智慧。香料的本質在於「文化的融合」，藉由各種文化的調和，產生新的香氣和味道。想要將日本文化融入日本人尚未熟悉的國際「香料文化」之中，以產生一種特有的香料文化，並讓它在國際上發揚光大。

諏訪內 健 33

(Suwanai Takeshi)

Spicy Kitchen Moona

1. 薑黃
2. 紅辣椒
3. 芫荽
4. 芥末籽
5. 八角

我認為薑黃和辣椒是咖哩中最基本、最必要的兩種香料，芫荽則是為了讓咖哩更具香氣。以使用頻率來說，最高的是芥末籽。在剛起油鍋時可以將磨碎的顆粒放入鍋中，再加入其他香料或粉末等，使用度比黑胡椒還高。八角則是不論在工作上或家庭中都很常使用，喜歡善於使用這種香料的印度料理主廚。以上這些是個人直覺式選擇的結果。其他香料的風味或許可由食材、香草、調味料等方面來補足。

所謂的香料就是乾燥後的植物果實和葉片等部位，依照料理方式可壓碎、磨成粉末狀或者直接使用。咖哩是種結合了文化、水份、油脂、鹽份、食材和人的技術，再加上香料本身產生化學反應後的產物。

田中源吾 (Tanaka Gengo) 34

Delhi

1. 芫荽
2. 黑胡椒
3. 辣椒
4. 孜然
5. 多香果

香料的喜好或使用頻率是種多變的東西，會隨著當時的料理、個人對香料的喜好而有所不同。在對香料料理產生興趣時，心中便會惦記著要用八角和茴香多做一些料理。現在，則是因為從去年 4 月之後在曼谷印度餐廳 Gaggan 工作時一直在研究現代印度料理，而產生了不混合香料，用單獨一種香料來提升料理香氣的想法。乾炒芫荽籽後磨碎成粗的顆粒，再將它撒在烘烤過的肉類或魚類上。黑胡椒、孜然籽、辣椒也是相同的用法。在完成後的咖哩上，再撒上磨碎的黑胡椒，可以讓客人充分感受到它的香氣。當然，實際上在製作咖哩時也使用其他香料。會列出多香果，則是因為據說在做烤肉串時，只用這種香料就可以達到美味的效果，所以有這個名稱，我也跟著這樣使用。我的答案與 Delhi 這間餐廳的風格不同，十分抱歉，我自己則是花了 35 年的歲月而得到這個結論。因為本身不屬於香料飲食文化圈，再加上對每種香料的感覺都因人而異且每個人都會有自己的主觀意識，所以我也就直接提出了本身的看法。

關於香料的使用，有時我覺得種類越多越好，有時又覺得種類單純比較好，就這樣反反覆覆地進行各種嘗試。還有對用什麼香料、怎麼去混合調配也下盡苦心，但對現代印度料理中的香料使用仍感到十分新鮮有趣。我覺得香料本身的精髓，在它的香氣可以為人們帶來樂趣，並可從鼻腔直接刺激嗅覺、增進食慾。然後，香料的使用也可充分展現料理者的個性，可以從香料的調配感受出這位料理人的特色。

吉田哲平 (Yoshida Teppei) 35

葉菜

1. 孜然
2. 咖哩葉
3. 芥末籽
4. 芫荽
5 黑胡椒

首先我認為沒有上述 5 種香料，就無法作咖哩。整體來說，香料便是每一種氣味都不要太突出，而能大幅提升料理風味的配角。不管是蔬菜或是其他食材，都有自己本身的香氣。必須選擇最能搭配食材的香料，而香料的調配也是以此為準則。然後，香料本身也具有療效。藉著在日常飲食中攝取適當的香料，也可以為身體帶來健康、為自己帶來幸福。因此，我在香料料理方面的著眼點，還是偏向家庭料理的路線，而喜愛香料的原因也正是如此。我認為，香料是可以帶來香氣和健康的產物，在料理中是種一石二鳥的絕佳配角。對我而言，香料是可以讓人生更有樂趣的元素。

若林剛史 36

(Wakabayashi Takeshi)

Hendrix

1. 孜然
2. 芫荽粉
3. 薑黃粉
4. 肉桂原形
5. 丁香原形

在 20 幾年前，從我會做咖哩的時候開始，肉桂、丁香、肉荳蔻、綠荳蔻、月桂葉這幾種香料原形，是在剛起油鍋時需要放入的香料種類。然後，現在這些成了自己的基本香料。如果要用粉狀香料作出咖哩，我覺得芫荽、薑黃、孜然、卡宴辣椒都不可或缺。從這些香料之中，依照自己的想法選出最基本、重要的 5 種，來做出自己想像的東京版印度咖哩。

註 1：Starter
Starter spicy。指在料理剛開始時，用油下去炒的香料，將香氣或其中成分轉移至油脂中。

註 2：調溫 (Tempering)
在料理的最後階段，用另一個鍋子油炸香料原形，藉此轉移香料香氣到油脂中的手法。

香料觀問卷調查一覽表

	芫荽	孜然	紅辣椒	薑黃	綠荳蔻	丁香	肉桂	芥末籽	咖哩葉	葫蘆巴
Ogeemeal ★ / Columbia 8		●			●		●			
西川 直 / Goyakura						●	●			
藤岡恆明 / Bumble Bee							●		●	
植竹大介 / Kyuyamutei	●		●		●					
Takako / GANESH n	●	●	●	●				●		
Takeshita hiroyuki / Ganesh m	●		●	●		●	●			
鈴木貴久 / Ghar	●		●	●						●
川崎真吾 / Spice Curry Maruse	●	●	●	●	●					
長崎章彥 / Spa Spa Spicy Curry	●	●	●		●					
杉野遼 / Dalbhat 食堂	●	●	●	●						●
菅尚弘 / Tsukinowa curry	●	●			●	●	●			
Tom / Tomntoco	●		●	●				●		
野村豪 / NOMSON CURRY	●	●		●	●			●		
川崎誠二 / Buttah	●	●	●		●	●				
明石智之 / Botai Curry	●	●		●	●	●				
中村千春 / Magari			●					●	●	
奧芝洋介 / 奧芝商店	●	●		●	●	●				
相馬鎮徹 / 咖哩葉 咖哩餐廳	●	●			●	●	●			
久保田信 / Makodo gop no anagura	●		●		●	●	●			
藤井秀紀 / Soup curry king	●	●		●	●	●				
植田正人 / Spice RIG 香樂	●	●			●	●				●
清水元太 / SOUL STORE	●	●	●		●		●			
松井浩仁 / 天竺		●		●	●		●			
村上義明 / 村上咖哩店 Pulu Pulu	●	●	●		●	●				
井手剛 / Rakkyo	●	●	●							
藤井正樹 / Anjuna	●	●	●	●				●		
增田泰觀 / 印度料理 Sitar	●		●	●		●	●			
柴崎武志 / 咖哩餐廳 Shiba	●	●		●						
沼尻匡彥 / Kerala no Kaze II	●			●				●	●	
山登伸介 / Shiva curry wara	●	●	●	●				●		
石崎嚴 / 新宿中村屋	●							●	●	●
伊藤一城 / Spice Cafe	●	●	●	●						●
諏訪內健 / Spicy Kitchen Moona	●		●	●				●		
田中源吾 / Delhi	●	●	●							
吉田哲平 / 葉菜	●	●						●	●	
若林剛史 / Hendrix	●	●		●		●	●			
上場頻率	31	24	20	19	16	13	11	10	5	5

	黑胡椒	薑	茴香	大蒜	月桂葉	青辣椒	多香果	八角	紅椒粉	山椒	蓽拔	芹菜籽	乾燥葫蘆巴葉	黑種草	百里香	TUNAPAHA	Maldive fish
					●												
										●	●	●					
					●								●	●			
				●											●		
			●														
	●																
		●															
																●	●
			●														
		●		●													
		●							●								
						●											
	●																
								●									
	●						●										
	●																
	4	3	2	2	2	1	1	1	1	1	1	1	1	1	1	1	1

大阪

1. Columbia 8 北濱本店
大阪市中央區道修町 1-3-3　Ebisu 道修町大樓 2F
06-6203-7788
http://columbia8.info/

2. 和レ屋　南船場 Goyakura
大阪府大阪市中央區南船場 1-7-8　DiaPlace 順慶町 103

3. Bumble Bee
大阪府大阪市西區西本町 1-14-2　住吉大樓 1 階
06-6534-0894
https://www.bumblebee2006.com/shop

4. Kyuyamutei
大阪市中央区谷町 6-4-23（空堀商店街内）
06-6762-8619
http://kyuyamutei.web.fc2.com/

5. GANESH n
大阪府大阪市北区天神橋 1-10-18
不公開電話號碼
https://lganesh.exblog.jp/

6. Ganesh m
大阪市中央区道修町 1-1-6 2 樓
090-9117-5972
https://lganesh.exblog.jp/

7. Ghar
大阪府大阪市西区京町堀 1-9-10-103
06-6443-6295
http://ghar-curry.com/

8. Spice Curry Maruse
大阪市北区中津 1-11-28
06-6136-7005
https://www.currymaruse.com/

大阪

9. Spa Spa Spicy Curry
大阪市淀川區十三東 3-25-9
06-6886-8535

10. Dalbhat 食堂
大阪府大阪市中央區内久寶寺町 3-3-16
http://dalbhat-shokudo.com

11. Tsukinowa curry
大阪府大阪市中央区南久宝寺 1-1-3　KT 船場大樓 2F
Twitter:@tsukinowa_curry

12. Tomntoco
大阪府大阪市北区池田町 12-8
06-7161-3261
https://twitter.com/tomntoco

13. NOMSON CURRY
大阪府大阪市浪速区日本橋東 1-11-2
06-4393-8605
twitter.com/NOMSONCURRY

14. Buttah
大阪府大阪市中央區東心齋橋 1-8-20
06-6241-5273
http://www.buttah.net

15. Botai Curry
大阪府大阪市中央区瓦町 4-5-3　日宝西本町大樓 1F
不公開電話號碼
http://botanicurry.com/

16. Magari
大阪市東住吉区南田辺 2-1-3
不公開電話號碼
twitter.com/ruibare

店家資訊

北海道

17. 奧芝商店
北海道札幌市中央区北 4 条西 1 丁目　ホクレンビル B1F
011-207-0266
twitter.com/oku_souseiji

18. 咖哩葉 咖哩餐廳
北海道帯廣市西 17 条南 5 丁目 8-103　オーロラ 175-1F
0155-41-0050
https://www.facebook.com/kurryleaf/

19. Makodo gop no anagura
札幌市西区山の手三条 6-1-17
011-612-6208
http://gop-soupcurry.com/

20. Soup curry king
011-213-1230
北海道札幌市中央区南 2 条西 3 丁目 13-4　カタオカビル B1
https://localplace.jp/t100312576/

21. Spice RIG 香樂
北海道札幌市豐平區豐平一條 5-2-18
011-813-7057
https://cowluck.exblog.jp/

22. SOUL STORE
北海道札幌市中央區北 1 條西 18 丁目　市田大樓 1F
011-616-8775
http://soulstore.web.fc2.com/

23. 天竺
北海道札幌市清田區平岡 1 條 1-7-1
011-802-5175
http://www.tenjiku.server-shared.com/

24. 村上咖哩店 Pulu Pulu
札幌市中央区南 2 条西 9 丁目ケンタクビル 29　B1F
011-272-1190
http://www5d.biglobe.ne.jp/~pulu2-cr/

25. Rakkyo
札幌市西区琴似 1 条 1 丁目 7-7　カピテーヌ琴似 1F
011-642-6903
http://www.spicegogo.com

東京・千葉

26. Anjuna
東京都日野市高幡 3-7　ユニバーサルビル 1F
042-593-3590
http://anjunacurry.blog.fc2.com/

27. 印度料理 Sitar
千葉市花見川区検見川町 1-106-16
043-271-0581
http://www.sitar.co.jp/

28. 咖哩餐廳 Shiba
千葉県千葉市稲毛区稲毛東 3-19-15　MF 大樓 1F
043-246-2060
https://curry0shiba.wordpress.com/

29. Kerala no Kaze II
東京都大田区山王 3-1-10
03-3771-1600
http://hwsa8.gyao.ne.jp/kerala-kaze/

30. Shiva curry wara
東京都世田穀區太子堂 4-28-6
080-9432-8200
http://shivacurrywara.jp/

31. 新宿中村屋
東京都新宿区新宿 3-26-13　新宿中村屋大樓 B2
03-5362-7501
https://www.nakamuraya.co.jp/manna/

32. Spice Café
東京都墨田区文花 1-6-10
03-3613-4020
http://spicecafe.jp/

33. Spicy Kitchen Moona
東京都世田谷区北澤 2-12-13 5F
03-3411-0607
http://www.moona.jp/

34. Delhi
東京都中央区銀座 6-3-11　西銀座大樓 3F
03-3571-7895
https://www.delhi.co.jp

35. 葉菜
千葉県八千代市勝田台 1-13-32　MT 大樓 1F
047-482-8974
http://www.hana-india.com/

36. Hendrix
東京都澀谷区神宮前 2-13-2 ユハラアネックスビル 1F
03-3479-3857

小專欄 4

新手的料理教室
「藥膳咖哩」篇

在我心中有一個決定，就是在應該面對的那天到來之前，有一個絕對不會碰觸的領域，就是藥膳咖哩。原因也很簡單易懂，那就是我實在無法明確瞭解藥膳咖哩的定義到底是什麼？我知道香料具有療效，而使用香料製作的咖哩，應該是對身體有益，到這個程度的範圍我還能理解。但對於再更深入的部分，我總是會自問自答道「這些功效……是真的嗎？」

如果咖哩真的對身體有益，那我希望可以有人具體說明且說服大眾，香料如何對人體有益？舉例來說，發燒到 39 度後，吃了孜然，體溫降到 37 度、或者是食用 10 粒綠荳蔻後，血壓下降 20%、吃了 3 公克的薑黃粉後，可以減少攝取 30 公克的糖分。以上這些都是我隨口說說的舉例數字，希望能有一個確實的依據來汰換這些假設的數字。

藥膳咖哩這個名詞，沒有跟任何證照制度作連結，也並非未通過某過證照考試後就無法使用。也不需要任何人的許可，不管是誰都可以使用藥膳咖哩這個詞彙。我覺得我不想使用定義如此模糊不清的名詞。

所謂的「應該面對的那天到來之前」，那到底是什麼時候呢？那就是指能取得佐證的時候。但很可惜的是，我既不是學者，也不是研究人員，沒有能證明香料或咖哩在療效方面的智慧與頭腦，所以只能借助能完成這些事情者的協助。也就是說，如果某天我能和有醫學博士資格的教授組成一個團隊來進行研究，從那天開始我才會考慮用我能認同的方式踏入藥膳咖哩的領域。

那也是一個偶然的機會，橫濱市立大學循環控制醫學的石川教授透過朋友的介紹與我聯絡。這位教授說他正在進行有關香料療效的研究，也在學會中發表了論文。但他想把自己研究的成果落實在一般民眾的飲食上，讓大家都能享用健康的咖哩。這真是我期待已久、與醫學博士教授合作的絕佳機會。沒想到在見面後洽談得十分順利，教授也希望能與我一起合作。

應該面對的那天終於到來。石川教授從抗氧化作用與預防所有疾病有關的觀點，展開對香料抗氧化功能方面的研究。我以前並不知

道，雖然人類想要生存的必要條件便是進行吸入氧氣的呼吸作用，但在另外一方面氧氣卻對人體有害。

關於香料療效的論文，據說在學會上已發表了無數篇論文。而關於以抗氧化作用為主題的論文更是多如繁星。在請教授查出數篇論文的摘要之後，發現到在做香料咖哩的香料中，有滿多種常用的香料已證明具有抗氧化作用。原來如此，做純粹的香料咖哩很有可能即具有抗氧化的效果。

在這之後約半年的時間，有機會與專門研究糖尿病方面的醫生見面。他們研究的主題主要與限制糖份攝取有關。我們熱烈討論著相關的話題，醫生還問我是否可以製作香料咖哩給病患，成為限制糖份攝取相關正確飲食資訊的發信地？

其實從這兩位專業人員的研究成果，可得到一個共同的結論。簡單說，人類體內的氧氣與糖份進行結合時，會產生維繫生命所需的必要能量，但從另外一方面來看，也會產生有毒物質。因此，抗氧化和限制糖份攝取這兩種處理的方式雖然不同，但要達成的目標卻是一致。而這兩種方式可能可以同時在咖哩上實踐，我實在是非常幸運！

因為這樣，便開始進行新手料理教室「藥膳咖哩」的活動。雖然如此，但沒有醫學相關背景的我，實在沒有資格擔任老師。在這個料理教室中的主要目的，是與學員分享我對藥膳咖哩的疑問和所學的內容，並將這些落實在香料咖哩的食譜中。

與學員一起學習的藥膳咖哩教室，還在剛起步的階段。未來在這個世界上還有許多一定要學習，和許多應該要累積經驗的事情，對自己的健康狀況也比以前來得關心。雖然如此，對使用藥膳咖哩這個詞彙還是有一點抗拒。應該也無法用抗氧化咖哩或糖質化咖哩這種名詞吧？用健康咖哩的話也太過模糊，這實在是令人煩惱的問題。即使如此，未來所做的香料咖哩可能在某時為某人的身體帶來健康，我覺得這也是很美好的一件事。

索引

乾燥香料

新鮮香料

綜合香料

肉類咖哩

海鮮咖哩

蔬菜咖哩

主菜

配菜

飯、麵、湯類

常備菜

參考書目

- 水野仁輔 著《咖哩教科書》(NHK 出版)
- 丁宗鐵 著《吃咖哩、不生病》(維他命文庫，Makino 出版)
- 伊藤進吾、Shankar Noguchi 著《香草與香料百科：世界上使用的 256 種香料》(誠文堂新光社)
- Jill Norman 著《香料完全手冊》(山和溪谷社)
- 井上宏生 著《香料物語——從地理大發現時代到咖哩》(集英社文庫)

結語

當我會做香料咖哩之後，身邊產生了許多改變。但有一個，我一直沒有說出來。

那就是當我開始做香料咖哩後，便不想再做其他的咖哩。

以前的我，會使用咖哩塊、咖哩粉或咖哩醬來做咖哩。但是一開始做香料咖哩之後，那些全部都不再派上用場。

香料是製作咖哩的眾多材料中最原始的物質。咖哩粉是事先混合許多種類的香料、咖哩醬和咖哩塊則是為了要讓味道更濃郁，添加了許多調味料和其他人工添加物。這些設計是為了要能簡單快速的製作咖哩，但因為這樣便很難保有食材的原味，更難在味道上自行調整變化。

因為香料只是單純的香料，只能依靠料理者自行再調配味道，但因此料理者擁有高度的自由選擇，可以充分運用香料來提煉出食材的鮮美，依照個人喜好來設計屬於自我風格的咖哩。這樣一來，料理的過程本身便充滿樂趣，而完成的咖哩更是美味，老實說，香料咖哩有屬不盡的優點。

因此，只要一踏入香料咖哩世界的人，便很難再回頭。

也許有讀者會認為「你在書的最後才講這種事也太遲……。」但如果在本書一開始時就大力鼓吹，反而會讓讀者引起戒心而放棄閱讀。

現在回想起來，我的香料咖哩生涯充滿了許許多多的失敗。若手上拿著的是不知如何使用的香料，在料理上總是常常碰壁。用這種東西真的能做出美味的咖哩嗎？我喜歡的咖哩餐廳中，咖哩會如此美味，是不是真的是靠什麼獨道的秘方？眾多香料香氣的比例拿捏、讓咖哩更富鮮美滋味的方法、製作美味醬料的方法，這些都是層層的難題。我沒有找到淺顯易懂的教材，也沒有遇到親切的老師教我這些訣竅。因此我花了漫長的歲月，依靠自己努力學習，也克服許多困難，才終於能享受充滿香料魅力的生活。

湯瑪斯・愛迪生曾說過一句話：「I have not failed, I've just found 10,000 ways that won't work.」(我沒有失敗，我只是找到了一萬種行不通的方法。)

會出現許多關卡來考驗自己小小的期待，即使那期待只是希望在日常生活中有香料的陪伴。正因我自己有過這種實際的經驗，所以為了希望各位在進入香料生活後能避免發生不順利的事，在本書中集結了所有相關的重點與精華。

希望這本書能帶領各位讀者輕而易舉地克服我數十年來的煩惱，成為各位手邊一本實用的工具書。

2016年春天 水野仁輔

香料咖哩調製圖解聖經
61 種香料圖鑑 ×75 款特製咖哩 × 位達人秘訣傳授，用真食香料調製黃金比例咖哩
スパイスカレー事典

作　者／水野仁輔 (Mizuno Jinsuke)
譯　者／陳維玉
責任編輯／林志恆
封面設計／張克
內頁排版／張靜怡

發 行 人／許彩雪
總 編 輯／林志恆
行銷企畫／黃怡婷
出 版 者／常常生活文創股份有限公司
地　址／台北市 106 大安區信義路 2 段 130 號

讀者服務專線／ (02) 2325-2332
讀者服務傳真／ (02) 2325-2252
讀者服務信箱／ goodfood@taster.com.tw
讀者服務專頁／ https://www.facebook.com/goodfood.taster

法律顧問／浩宇法律事務所
總 經 銷／大和圖書有限公司
電　話／ (02) 8990-2588 (代表號)
傳　真／ (02) 2290-1628

製版印刷／龍岡數位文化股份有限公司
初版一刷／ 2018 年 12 月
五刷／ 2023 年 5 月

定　價／新台幣 599 元
ＩＳＢＮ／ 978-986-96200-5-5

國家圖書館出版品預行編目 (CIP) 資料

香料咖哩調製圖解聖經 : 61 種香料圖鑑 ×75 款特製咖哩 ×38 位達人秘訣傳授，用真食香料調製黃金比例咖哩 / 水野仁輔作 ; 陳維玉譯 . -- 初版 . -- 臺北市 : 常常生活文創 , 2018.12
面； 公分 .
譯自 : スパイスカレー事典
ISBN 978-986-96200-5-5 (平裝)

1. 食譜

427.1　　107022083

FB | 常常好食

網站 | 食醫行市集